职业教育计算机网络技术专业系列教材

网络综合布线

主　编　李德涌　梁振奇
副主编　黄健胜　廖子泉
参　编　莫德智　卢　怡　黎佳欣
　　　　刘俞辛　卢玉清

机械工业出版社

本书以综合布线系统工程实用技术为重点，以一个住宅综合布线系统工程为例，系统介绍综合布线系统工程的规划设计、安装施工、测试验收等内容，知识和技能详实、丰富、易学好记。

本书由设计、施工、验收3个单元组成，共设16个学习任务。单元1学习任务1引导读者认识综合布线系统，简单介绍国家标准GB 50311—2016《综合布线系统工程设计规范》和GB/T 50312—2016《综合布线系统工程验收规范》中的部分内容，其余15个学习任务分别讲述信息点数量统计表、布线系统图、端口对应表、施工图、材料统计表等设计表格，网络跳线端接、信息插座安装、壁挂式机柜安装、线管安装及缆线布放、线槽安装及缆线布放、网络模块端接、网络配线架端接、110型通信跳线架端接、永久链路端接、管理间子系统安装。

本书可作为各类职业学校计算机网络技术及相关专业的教材，也可作为综合布线系统工程初学者的学习参考用书。

本书配有电子课件，选用本书作为授课教材的教师可登录机械工业出版社教育服务网（www.cmpedu.com）注册后免费下载，或联系编辑（010-88379194）咨询。本书还配有部分视频，读者可直接扫二维码观看。

图书在版编目（CIP）数据

网络综合布线 / 李德涌，梁振奇主编. -- 北京：机械工业出版社，2024.8. -- ISBN 978-7-111-76005-4

Ⅰ．TP393.03

中国国家版本馆CIP数据核字第2024QH2998号

机械工业出版社（北京市百万庄大街22号　邮政编码100037）
策划编辑：李绍坤　　　　　责任编辑：李绍坤　宫晓梅
责任校对：郑　雪　王　延　封面设计：马精明
责任印制：刘　媛
涿州市般润文化传播有限公司印刷
2024年11月第1版第1次印刷
210mm×285mm・9印张・191千字
标准书号：ISBN 978-7-111-76005-4
定价：39.00元

电话服务　　　　　　　　　网络服务
客服电话：010-88361066　　机　工　官　网：www.cmpbook.com
　　　　　010-88379833　　机　工　官　博：weibo.com/cmp1952
　　　　　010-68326294　　金　书　网：www.golden-book.com
封底无防伪标均为盗版　　机工教育服务网：www.cmpedu.com

前　言

本书紧紧围绕课程教学和1+X职业技能等级考试的技能点，参照国家计算机网络技术专业教学标准中能进行小规模布线工程设计与施工组织的要求，从综合布线系统工程实施和课程教学的角度出发，以国家标准GB 50311—2016《综合布线系统工程设计规范》和GB/T 50312—2016《综合布线系统工程验收规范》的要求为主，按照工学结合的思路采取任务驱动式、案例式教学，以一个典型的小型综合布线系统——住宅综合布线系统工程为例，以工程实施过程为主线，将整个工程按施工步骤分为综合布线系统设计、工作区子系统施工、配线子系统施工3个单元，逐步完成综合布线系统认知、布线系统设计、布线系统施工和验收的全过程。

本书共设16个学习任务，分别是单元1的初识综合布线系统、住宅综合布线系统信息点数量统计表、住宅综合布线系统布线系统图、住宅综合布线系统端口对应表、住宅综合布线系统施工图、住宅综合布线系统材料统计表；单元2的网络跳线端接、信息插座安装；单元3的壁挂式机柜安装、线管安装及缆线布放、线槽安装及缆线布放、网络模块端接、网络配线架端接、110型通信跳线架端接、永久链路端接、管理间子系统安装。学习任务整体按照施工流程排序，每个学习任务分为知识准备和任务实施两个部分，知识准备为学生介绍相关理论、材料和工具的认识、施工流程和检验方法等知识，任务实施促使学生掌握相应的技能并能够完成检验工作。本书将1+X职业技能等级证书所需技能有机融入各个学习任务中，通过学习任务中的知识准备和任务实施完成1+X职业技能等级证书的理论知识和技能学习。同时，培养学生爱岗敬业、精益求精的工匠精神，学成之后加入社会工作时能够尽心尽力为国家和社会搭建质量优秀的网络综合布线系统，为祖国建设贡献一份力量。

本书由李德涌和梁振奇担任主编，黄健胜和廖子泉担任副主编，参加编写的还有莫德智、卢怡、黎佳欣、刘俞辛和卢玉清。主编和副主编均为"双师型"教师，有着丰富的教学经验和企业实践经历。其中，李德涌编写了单元1，梁振奇编写了单元2，黄健胜编写了单元3的学习任务1和学习任务2，廖子泉编写了单元3的学习任务3，卢玉清编写了单元3的学习任务4，莫德智编写了单元3的学习任务5，卢怡编写了单元3的学习任务6，黎佳欣编写了单元3的学习任务7，刘俞辛编写了单元3的学习任务8。在本书的编写过程中，广西塔易信息技术有限公司给予了编写指导，并提供了项目案例等资料，在此表示感谢。

由于编者水平有限，书中难免出现疏漏和不妥之处，敬请广大读者批评指正。

编　者

二维码索引

序号	名称	图形	页码	序号	名称	图形	页码
1	1-信息点数量统计表		11	9	9-PVC线管安装		79
2	2-布线系统图		15	10	10-PVC线槽安装		86
3	3-端口对应表		22	11	11-网络模块端接		93
4	4-布线施工图		27	12	12-网络配线架端接		101
5	5-布线材料统计表		37	13	13-110型通信跳线端接		112
6	6-网络跳线端接		48	14	14-基本永久链路		118
7	7-信息插座安装		61	15	15-复杂永久链路		123
8	8-壁挂式机柜安装		69				

目 录

前言

二维码索引

单元1　综合布线系统设计 // 1

　　学习任务1　初识综合布线系统 // 2
　　学习任务2　住宅综合布线系统信息点数量统计表 // 10
　　学习任务3　住宅综合布线系统布线系统图 // 14
　　学习任务4　住宅综合布线系统端口对应表 // 21
　　学习任务5　住宅综合布线系统施工图 // 26
　　学习任务6　住宅综合布线系统材料统计表 // 36
　　习题 // 39

单元2　工作区子系统施工 // 43

　　学习任务1　网络跳线端接 // 44
　　学习任务2　信息插座安装 // 55
　　习题 // 62

单元3　配线子系统施工 // 65

　　学习任务1　壁挂式机柜安装 // 66
　　学习任务2　线管安装及缆线布放 // 70
　　学习任务3　线槽安装及缆线布放 // 80
　　学习任务4　网络模块端接 // 88
　　学习任务5　网络配线架端接 // 95
　　学习任务6　110型通信跳线架端接 // 102
　　学习任务7　永久链路端接 // 113
　　学习任务8　管理间子系统安装 // 125
　　习题 // 134

参考文献 // 137

单元1
综合布线系统设计

单元概述

本单元的主要学习内容为初步认识综合布线系统以及综合布线系统设计类的知识和技能，了解综合布线系统的两个国家标准，即GB 50311—2016《综合布线系统工程设计规范》以及GB/T 50312—2016《综合布线系统工程验收规范》。以住宅综合布线系统工程为例，按照工程需求和国标要求实施综合布线系统工程设计。住宅平面布局图如图1-1所示，在设计过程中学习设计技能和相应的国家标准相关内容。

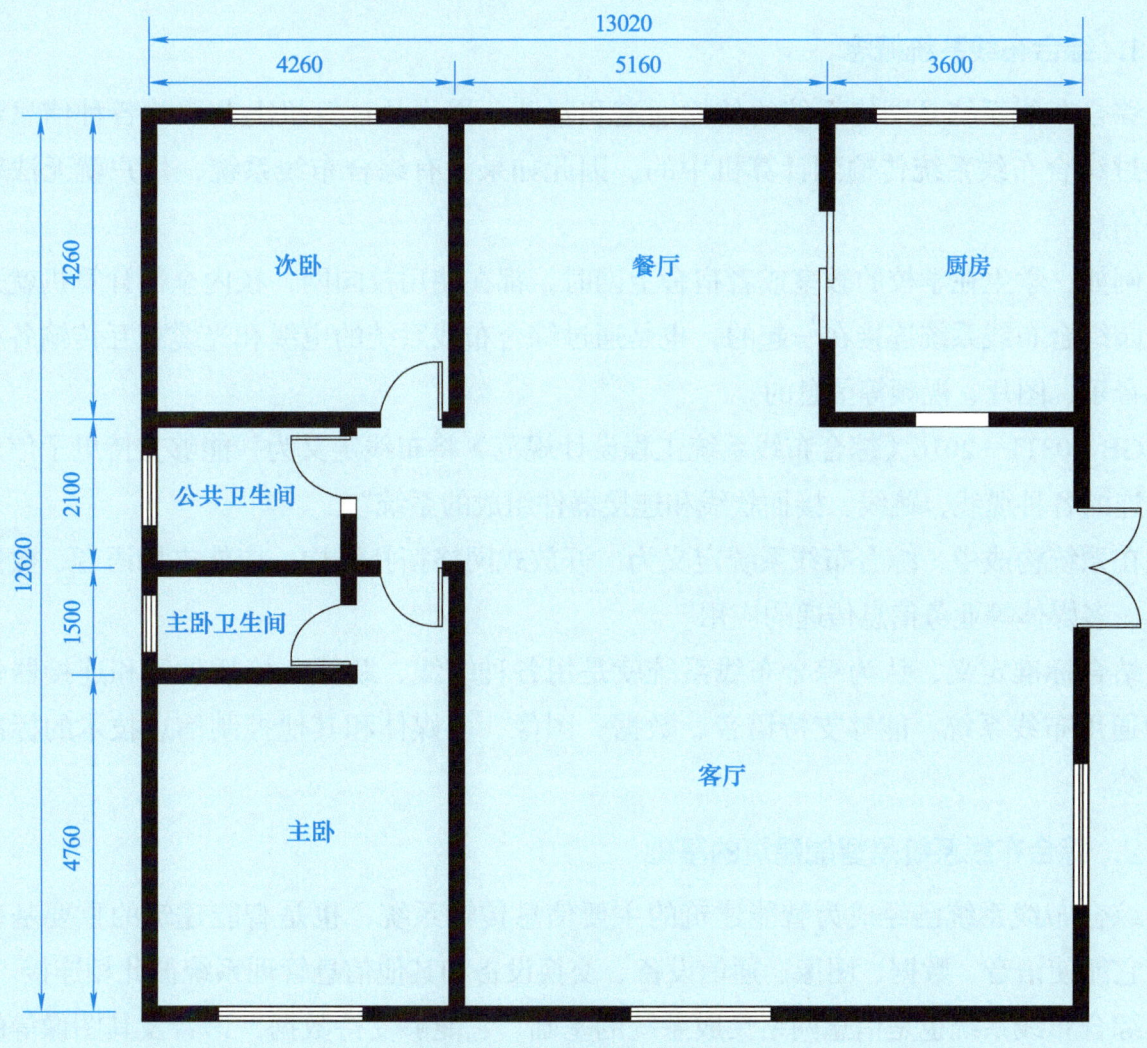

图1-1 住宅平面布局图

学习任务1 初识综合布线系统

知识目标
- 认识综合布线系统。
- 认识综合布线系统常用术语和缩略词。

能力目标
- 掌握综合布线系统常用术语和缩略词的含义。
- 掌握综合布线系统常用技术名词。

素质目标
- 培养学生与专业人员沟通交流的能力。
- 培养学生的职业素养。

知识准备

1. 综合布线系统概念

综合布线系统是网络系统的传输通道和基础，用户从计算机上获取的各种信息流都是通过综合布线系统传输到计算机中的，因此如果没有综合布线系统，用户就无法获取各种信息。

例如，学生在学校的教室或者宿舍上网时，都在使用校园网，校内全部计算机就是通过校园综合布线系统连接在一起的，也是通过综合布线系统的电缆和光缆相互传输各种文字、音乐、图片、视频等信息的。

GB 50311—2016《综合布线系统工程设计规范》将布线定义为"能够支持电子信息设备相连的各种缆线、跳线、接插软线和连接器件组成的系统"。

在系统构成中，综合布线系统定义为"开放式网络拓扑结构，应能支持语音、数据、图像、多媒体等业务信息传递的应用"。

结合标准定义，认为综合布线系统就是用各种缆线、跳线、接插软线和连接器件构成的通用布线系统，能够支持语音、数据、图像、多媒体和其他控制信息技术的标准应用系统。

2. 综合布线系统是智能建筑的基础

综合布线系统已经成为智能建筑的主要信息传输系统，也是智能建筑的重要基础设施，它能使语音、数据、图像、通信设备、交换设备和其他信息管理系统彼此相连接。

综合布线系统也是信息网络集成系统的基础，它能够支持数据、语音及其图像等的传输，为计算机网络和信息通信系统提供了传输环境。

综合布线系统是一种结构化的布线系统，综合和规范了通信网络、信息网络以及控制网络的布线，为其相互间的信号教育提供通道，是智慧城市、智能建筑、智能制造等快速发展的重要基础和需求。随着智能家居的火爆发展，在国家提出的由"中国制造"向"中国智造"转变的大方向指引下，综合布线系统有着极其广阔的应用前景。

3. 综合布线系统常用名词术语和缩略词

名词术语是全世界行业工程师的专用语言，能够准确表达该行业的设备与器材等专业名称，避免产生混乱和误解，在工程设计文件、图样、产品说明书、技术交流等资料中经常使用。作为一名专业的综合布线技术人员必须熟练掌握行业名词术语，以便于快速正确理解和看懂技术文件与图样。下面以国家标准GB 50311—2016《综合布线系统工程设计规范》为主，介绍综合布线系统行业常用名词术语，详见表1-1。

表1-1 GB 50311—2016《综合布线系统工程设计规范》规定的常用术语

中文术语	英文	术语定义与解释
布线	cabling	能够支持电子信息设备相连的各种缆线、跳线、接插软线和连接器件组成的系统
建筑群子系统	campus subsystem	建筑群子系统由配线设备、建筑物之间的干线缆线、设备缆线、跳线等组成
电信间	telecommunications room	放置电信设备、缆线终接的配线设备，并进行缆线交接的一个空间
工作区	work area	需要设置终端设备的独立区域
信道	channel	连接两个应用设备的端到端的传输通道
链路	link	一个CP链路或是一个永久链路
永久链路	permanent link	信息点与楼层配线设备之间的传输线路。它不包括工作区缆线和连接楼层配线设备的设备缆线、跳线，但可以包括一个CP链路
集合点	consolidation point(CP)	楼层配线设备与工作区信息点之间水平缆线路由中的连接点
CP链路	CP link	楼层配线设备与集合点（CP）之间，包括两端的连接器件在内的永久链路
建筑群配线设备	campus distributor	终接建筑群主干缆线的配线设备
建筑物配线设备	building distributor	为建筑物主干缆线或建筑群主干缆线终接的配线设备
楼层配线设备	floor distributor	终接水平缆线和其他布线子系统缆线的配线设备
入口设施	building entrance facility	提供符合相关规范的机械与电气特性的连接器件，使得外部网络缆线引入建筑物内
连接器件	connecting hardware	用于连接电缆线对和光缆光纤的一个器件或一组器件
光纤适配器	optical fibre adapter	将光纤连接器实现光学连接的器件
建筑群主干缆线	campus backbone cable	用于在建筑群内连接建筑群配线设备与建筑物配线设备的缆线
建筑物主干缆线	building backbone cable	入口设施至建筑物配线设备、建筑物配线设备至楼层配线设备、建筑物内楼层配线设备之间相连接的缆线
水平缆线	horizontal cable	楼层配线设备至信息点之间的连接缆线
CP缆线	CP cable	连接集合点（CP）至工作区信息点的缆线

（续）

中文术语	英文	术语定义与解释
信息点	telecommunications outlet（TO）	缆线终接的信息插座模块
设备缆线	equipment cable	通信设备连接到配线设备的缆线
跳线	patch cord/jumper	不带连接器件或带连接器件的电缆线对和带连接器件的光纤，用于配线设备之间进行连接
缆线	cable	电缆和光缆的统称
光缆	optical cable	由单芯或多芯光纤构成的缆线
线对	pair	由两个相互绝缘的导体对绞组成，通常是一个对绞线对
对绞电缆	balanced cable	由一个或多个金属导体线对组成的对称电缆
屏蔽对绞电缆	screened balanced cable	含有总屏蔽层/或每线对屏蔽层的对绞电缆
非屏蔽对绞电缆	unscreened balanced cable	不带有任何屏蔽层的对绞电缆
接插软线	patch cord	一端或两端带有连接器件的软电缆
多用户信息插座	multi-user telecom-munication outlet	工作区内若干信息插座模块的组合装置
配线区	the wiring zone	根据建筑物的类型、规模、用户单元的密度，以单栋或若干栋建筑物的用户单元组成的配线区域
配线管网	the wiring pipeline network	由建筑物外线引入管、建筑物内竖井、管、桥架等组成的管网
用户接入点	the subscriber access point	多家电信业务经营者的电信业务共同接入的部位，是电信业务经营者与建筑建设方的工程界面
用户单元	subscriber unit	建筑物内占有一定空间、使用者或使用业务会发生变化的、需要直接与公用电信网互联互通的用户区域
光纤到用户单元通信设施	fiber to the subscriber unit communication facilities	光纤到用户单元工程中，建筑规划用地红线内地下通信管道、建筑内管槽及通信光缆、光配线设备，用户单元信息配线箱及预留的设备间等设备安装空间
配线光缆	wiring optical cable	用户接入点至园区或建筑物光缆的汇聚配线设备之间，或用户接入点至建筑规划用地红线范围内与公用通信管道互通的人（手）孔之间的互通光缆
用户光缆	subscriber optical cable	用户接入点配线设备至建筑物内用户单元信息配线箱之间相连接的光缆
户内缆线	indoor cable	用户单元信息配线箱至用户区域内信息插座模块之间相连接的缆线
信息配线箱	information distribution box	安装于用户单元区域内的完成信息互通与通信业务接入的配线箱体
桥架	cable tray	梯架、托盘及槽盒的统称

缩略词一般用英文表示，采用英文名词或名称的字头简写或者缩写方式。缩略词频繁和大量使用于专业技术文件、工程文件、图样、设备标签中。专业技术人员的日常工作交流中也大量使用缩略词。只有掌握并熟悉缩略词，才能快速看懂和理解技术文件和图样，才能流畅地与行业专业技术人员交流，因此专业技术人员必须熟练掌握行业常用缩略词。下面以国家标准GB 50311—2016《综合布线系统工程设计规范》为主，介绍综合布线系统行业常用缩略词，详见表1-2。

表1-2　GB 50311—2016《综合布线系统工程设计规范》规定的常用缩略词

序号	英文缩写	英文全称	中文名称或解释
1	ACR-F	Attenuation to Crosstalk Ratio at the Far-end	衰减远端串音比
2	ACR-N	Attenuation to Crosstalk Ratio at the Near-end	衰减近端串音比
3	BD	Building Distributor	建筑物配线设备
4	CD	Campus Distributor	建筑群配线设备
5	CP	Consolidation Point	集合点
6	d.c.	Direct Current loop resistance	直流环路电阻
7	FD	Floor Distributor	楼层配线设备
8	FEXT	Far End Crosstalk Attenuation(loss)	远端串音
9	IEC	International Electrotechnical Commission	国际电工技术委员会
10	IEEE	the Institute of Electrical and Electronics Engineers	美国电气及电子工程师学会
11	IL	Insertion Loss	插入损耗
12	IP	Internet Protocol	互联网协议
13	ISDN	Integrated Services Digital Network	综合业务数字网
14	ISO	International Organization for Standardization	国际标准化组织
15	OF	Optical Fibre	光纤
16	PS NEXT	Power Sum Near End Crosstalk Attenuation(loss)	近端串音功率和
17	PS ACR	Power Sum ACR	ACR功率和
18	PS FEXT	Power Sum Far end Crosstalk(loss)	远端串音功率和
19	RL	Return Loss	回波损耗
20	SC	Subscriber Connector(optical fibre connector)	用户连接器件（光纤活动连接器件）
21	SFF	Small Form Factor connector	小型光纤连接器件
22	TCL	Transverse Conversion Loss	横向转换损耗
23	TE	Terminal Equipment	终端设备
24	TIA	Telecommunications Industry Association	美国电信工业协会
25	UL	Underwriters Laboratories	美国保险商实验所安全标准
26	Vr.m.s	Vroot.mean.square	电压有效值
27	PS ANEXT$_{avg}$	Average Power Sum Alien Near-End Crosstalk(loss)	外部近端串音比功率和平均值
28	SC	Subscriber Connector(optical fibre connector)	用户连接器件（光纤活动连接器件）
29	SW	Switch	交换机
30	TCTL	Transverse Conversion Transfer Loss	横向转换转移损耗
31	TO	Telecommunications Outlet	信息点
32	ID	Intermediate Distributor	中间配线设备
33	MUTO	Multi-User Telecom-munications Outlet	多用户信息插座
34	NI	Network Interface	网络接口
35	NEXT	Near End Crosstalk Attenuation(loss)	近端串音
36	POE	Power Over Ethernet	以太网供电
37	PS AACR-F	Power Sum Attenuation to Alien Crosstalk Ratio at the Far-end	外部远端串音比功率和

(续)

序号	英文缩写	英文全称	中文名称或解释
38	PS AACR-F$_{avg}$	Average Power sum Attenuation to Alien Crosstalk Ratio at the Far-end	外部远端串音比功率和平均值
39	PS ACR-F	Power Sum Attenuation to Crosstalk Ratio at the Far-end	衰减远端串音比功率和
40	PS ACR-N	Power Sum Attenuation to Crosstalk Ratio at the Near-end	衰减近端串音比功率和
41	PS ANEXT	Power Sum Alien Near-End Crosstalk(loss)	外部近端串音比功率和

4. 综合布线系统工程施工与验收

GB/T 50312—2016《综合布线系统工程验收规范》对综合布线系统工程施工中器材和测试仪表的检查做出了详细规定，不但规定对器材和测试仪表的检查要在施工前进行，还对检查内容做出了如下规定。

（1）对器材检验的规定

1）工程所用缆线和器材的品牌、型号、规格、数量、质量应在施工前进行检查，应符合设计文件要求，并应具备相应的质量文件或证书，无出厂检验证明材料、质量文件或与设计不符者不得在工程中使用。

2）进口设备和材料应具有产地证明和商检证明。

3）经检验的器材应做好记录，对不合格的器材应单独存放，以备核查与处理。

4）工程中使用的缆线、器材应与订货合同或封存的产品样品在规格、型号、等级上相符。

5）备品、备件及各类文件资料应齐全。

（2）对型材、管材与金属件的检查规定

1）地下通信管道和人（手）孔所使用器材的检查及室外管道的检验，应符合现行国家标准GB/T 50374—2018《通信管道工程施工及验收标准》的有关规定。

2）各种型材的材质、规格、型号应符合设计文件的要求，表面应光滑、平整，不得变形、断裂。

3）金属导管、桥架及过线盒、接线盒等表面涂覆或镀层应均匀、完整，不得变形、损坏。

4）室内管材采用金属导管或塑料导管时，其管身应光滑、无伤痕，管孔无变形，孔径、壁厚应符合设计文件要求。

5）金属管槽应根据工程环境要求做镀锌或其他防腐处理。塑料管槽应采用阻燃型管槽，外壁应具有阻燃标记。

6）各种金属件的材质、规格均应符合质量要求，不得有歪斜、扭曲、飞刺、断裂或破损。

7）金属件的表面处理和镀层应均匀、完整，表面光洁，无脱落、气泡等缺陷。

（3）对缆线的检验规定

1）工程使用的电缆和光缆的型式、规格及缆线的阻燃等级应符合设计文件要求。

2）缆线的出厂质量检验报告、合格证、出厂测试记录等各种随盘资料应齐全，所附标志、标签内容应齐全、清晰，外包装应注明型号和规格。

3）电缆外包装和外护套需完整无损，当该盘、箱外包装损坏严重时，应按电缆产品要求进行检验，测试合格后再在工程中使用。

4）电缆应附有本批量的电气性能检验报告，施工前对盘、箱的电缆长度、指标参数应按电缆产品标准进行抽验，提供的设备电缆及跳线也应抽验，并做测试记录。

5）光缆开盘后应先检查光缆端头封装是否良好。当光缆外包装或光缆护套有损伤时，应对该盘光缆进行光纤性能指标测试，并应符合下列规定：

① 当有断纤时，应进行处理，并应检查合格后使用。

② 光缆A、B端标识应正确、明显。

③ 光纤检测完毕后，端头应密封固定，并应恢复外包装。

6）单盘光缆应对每根光纤进行长度测试。

7）光纤接插软线或光跳线检验应符合下列规定：

① 两端的光纤连接器件端面应装配合适的保护盖帽。

② 光纤应有明显的类型标记，并应符合设计文件要求。

③ 使用光纤端面测试仪应对该批量光连接器件端面进行抽验，比例不宜大于5%。

（4）对连接器件的检验规定

1）配线模块、信息插座模块及其他连接器件的部件应完整，电气和机械性能等指标应符合相应产品的质量标准。塑料材质应具有阻燃性能，并应满足设计要求。

2）光纤连接器件及适配器的型式、数量、端口位置应与设计相符。光纤连接器件应外观平滑、洁净，并不应有油污、毛刺、伤痕及裂纹等缺陷，各零部件组合应严密、平整。

（5）对配线设备的使用规定

1）光、电缆配线设备的型式、规格应符合设计文件要求。

2）光、电缆配线设备的编排及标志名称应与设计相符。各类标志名称应统一，标志位置正确、清晰。

（6）对测试仪表和工具的检验规定

1）应事先对工程中需要使用的仪表和工具进行测试或检查，缆线测试仪表应附有检测机构的证明文件。

2）测试仪表应能测试相应布线等级的各种电气性能及传输特性，其精度应符合相应要求。测试仪表的精度应按相应的鉴定规程和校准方法进行定期检查和校准，经过计量部门校验取得合格证后，方可在有效期内使用，并应符合下列规定：

① 测试仪表应具有测试结果的保存功能并提供输出端口。

② 可将所有存贮的测试数据输出至计算机和打印机，测试数据不应被修改。

③ 测试仪表应能提供所有测试项目的概要和详细的报告。

④ 测试仪表宜提供汉化的通用人机界面。

3）施工前应对剥线器、光缆切断器、光纤熔接机、光纤磨光机、光纤显微镜、卡接工具等电缆或光缆的施工工具进行检查，合格后方可在工程中使用。

GB/T 50312—2016《综合布线系统工程验收规范》对综合布线系统工程施工中设备安装检验做出了规定，不但规定对设备的安装检验要在施工中进行，还对检查内容做出了如下规定：

1）机柜、配线箱等设备的规格、容量、位置应符合设计文件要求，安装应符合下列规定：

① 垂直偏差度不应大于3mm。

② 机柜上的各种零件不得脱落或碰坏，漆面不应有脱落及划痕，各种标志应完整、清晰。

③ 在公共场所安装配线箱时，壁嵌式箱体底边距地面不宜小于1.5m，墙挂式箱体底面距地面不宜小于1.8m。

④ 门锁的启闭应灵活、可靠。

⑤ 机柜、配线箱及桥架等设备的安装应牢固，当有抗震要求时，应按抗震设计进行加固。

2）各类配线部件的安装应符合下列规定：

① 各部件应完整，安装就位，标志齐全、清晰。

② 安装螺钉应拧紧，面板应保持在一个平面上。

3）信息插座模块安装应符合下列规定：

① 信息插座底盒、多用户信息插座及集合点配线箱、用户单元信息配线箱安装位置和高度应符合设计文件要求。

② 安装在活动地板内或地面上时，应固定在接线盒内，插座面板采用直立和水平等形式；接线盒盖可开启，并应具有防水、防尘、抗压功能。接线盒盖面应与地面齐平。

③ 信息插座底盒同时安装信息插座模块和电源插座时，间距及采取的防护措施应符合设计文件要求。

④ 信息插座底盒明装的固定方法应根据施工现场条件而定。

⑤ 固定螺钉应拧紧，不应产生松动现象。

⑥ 各种插座面板应有标识，以颜色、图形、文字表示所接终端设备业务类型。

⑦ 工作区内终接光缆的光纤连接器件及适配器安装底盒应具有空间，并应符合设计文件要求。

4）缆线桥架的安装应符合下列规定：

① 安装位置应符合施工图要求，左右偏差不应超过50mm。

② 安装水平度每米偏差不应超过2mm。

③ 垂直安装应与地面保持垂直，垂直度偏差不应超过3mm。

④ 桥架截断处及拼接处应平滑、无毛刺。

⑤ 吊架和支架安装应保持垂直，整齐牢固，无歪斜现象。

⑥ 金属桥架及金属导管各段之间应保持连接良好，安装牢固。

⑦ 采用垂直槽盒布放缆线时，支撑点宜避开地面沟槽和槽盒位置，支撑应牢固。

5）安装机柜、配线箱、配线设备屏蔽层及金属导管、桥架使用的接地体应符合设计文件要求，就近接地，并应保持良好的电气连接。

任务实施

1. 了解住宅综合布线系统教学模型

为了让同学们更好地学习网络综合布线课程，这里选取了一个典型的住宅综合布线系统工程作为本书的模拟任务，并拆分成多个不同的学习任务，在每个学习任务实施开始前介绍相关理论知识。下面是住宅综合布线系统工程介绍。

为了直观清楚地介绍住宅综合布线系统工程的设计和安装方法等职业技能，首先介绍如图1-2所示的住宅综合布线系统教学模型，再以这个模型为基础，进行住宅综合布线系统的设计与施工等方面的知识与技能学习。

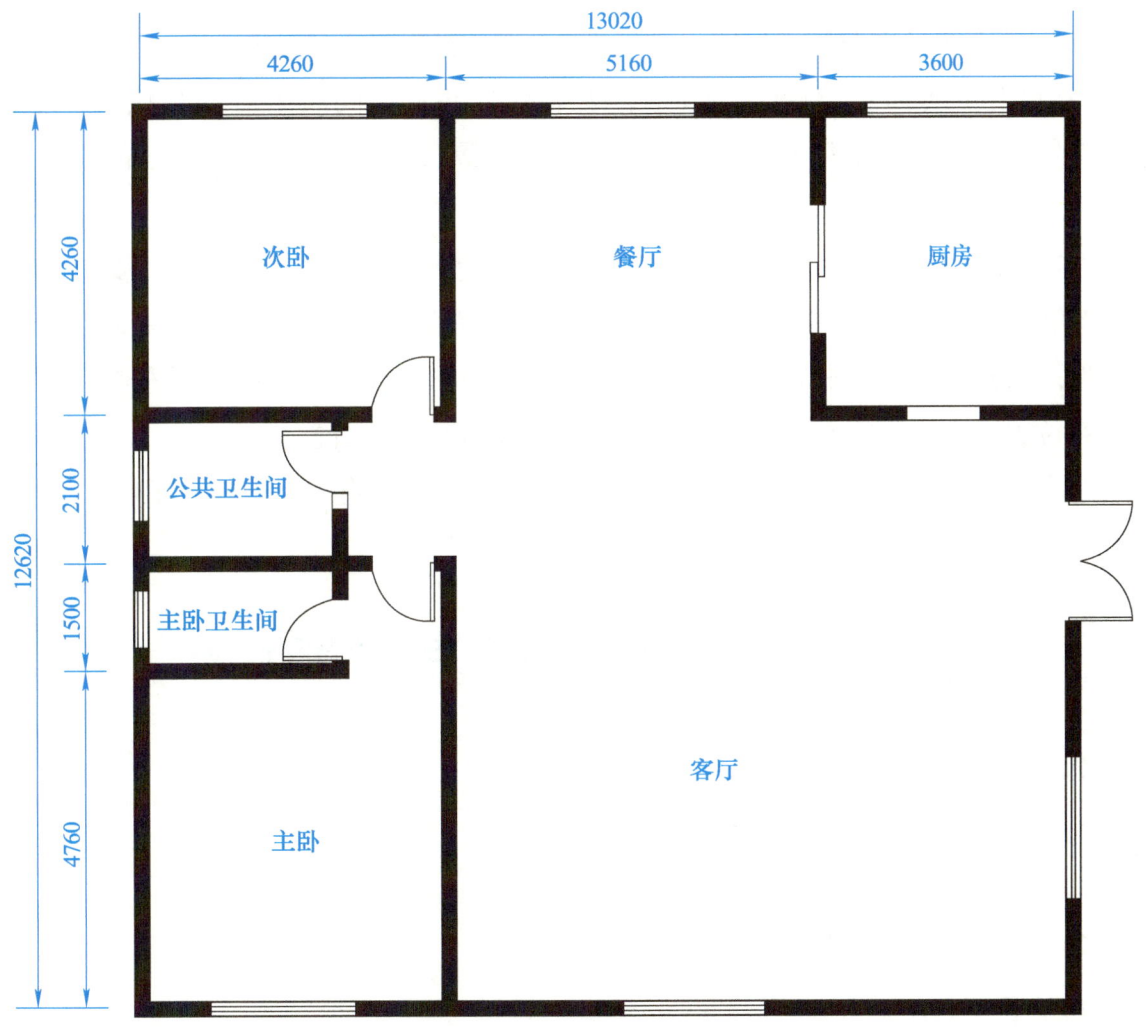

图1-2 住宅综合布线系统教学模型

2. 住宅家居布置介绍

通过图1-2可知，该户型为两室两厅一厨两卫结构，具有住宅的主要功能房间，各个房间的主要使用功能和预计布置的家具如下。

1）主卧室1间，作为主人卧室使用。有双人床1张，安放在主卧左侧墙壁中间位置；床头柜2个，安放在床的两侧靠墙位置；衣柜1个，安放在主卧上方靠墙位置；书桌1个，安放在主卧右侧墙壁中间位置；电动窗帘1个，安装在主卧窗户位置；顶棚吊顶电灯1盏，安装在顶棚中央；主卧附带的卫生间，安装洗手池1个、坐便器1个、淋浴间隔1组。

2）次卧室1间，作为孩子的房间。有单人床1张，安放在次卧左侧墙壁中间位置；床头柜1个，安放在床的右侧靠墙位置；书桌1个，安放在次卧右侧墙壁中间位置；衣柜1个，安放在次卧下方墙壁位置；电动窗帘1个，安装在次卧窗户位置。

3）餐厅1间。有圆形餐桌1张，安放在餐厅中央；椅子若干把；电动窗帘1个，安装在餐厅窗户位置。

4）厨房1间。有电冰箱1台，安放在厨房左上方靠墙位置；燃气灶1台，安装在厨房右侧靠墙位置；水槽1个，安装在厨房右侧灶台附近；橱柜1个，安装在厨房右侧靠墙位置；厨台1组，安装在厨房右侧靠墙位置；抽油烟机1台，安装在灶台上方。

5）公共卫生间1间。有洗手池1个，安装在公共卫生间右下方墙角位置；坐便器1个，安装在公共卫生间左侧上方墙角位置；淋浴间隔1组，安装在公共卫生间左侧下方墙角位置。

6）客厅1间。有电视1台，安放在客厅左侧墙壁中间位置；厅柜1个，安放在客厅右下方靠墙角附近位置；沙发1组，安放在客厅中央靠右侧位置；茶几1个，安放在沙发左侧0.5m位置；角几若干，安放在客厅内合适位置；饮水机1台，安放在客厅左侧、电视机上方1m左右位置；电动窗帘2个，安装在客厅的两个窗户所在位置。

实施要求：从设计开始完成住宅综合布线，包括设计、施工、验收等工作。

学习任务2　住宅综合布线系统信息点数量统计表

知识目标

- 了解信息点数量统计表的应用。
- 明确信息点数量统计表的编制要点。
- 了解信息点数量统计表的编制过程。

能力目标

- 掌握信息点数量统计表的识读能力。

- 掌握信息点数量统计表的编制能力。

素质目标

- 培养学生精益求精的工匠精神。
- 培养学生的职业知识和技能。

知识准备

1. 信息点数量统计表的应用

综合布线系统工程中信息点数量统计表也称为点数统计表，它是设计和统计综合布线系统工程信息点数量的基本工具和手段。编制信息点数量统计表就是设计和统计建筑物的数据、语音、控制等信息点总数量，是工程实践中常用的统计和分析方法，适合于综合布线系统、安全防范系统等设备比较多的各种工程应用。综合布线系统信息点数量统计表能够快速准确地统计出建筑物的信息点数量和位置，直接决定着项目投资规模。

2. 信息点数量统计表的编制要点

1）表格设计合理。要求表格打印成文本后，表格的宽度和文字大小合理，特别是文字不能太大或者太小，一般为小4号字。

2）数据正确。每个工作区都必须填写数字，要求数量正确、没有遗漏信息点和多出信息点。对于没有信息点的工作区或者房间填写数字0，表明已经分析过该工作区。

3）文件名称准确。作为工程技术文件，文件名称必须准确，因为文件名称直接反映该文件内容。

4）签字和日期正确。作为工程技术文件，编写、审核、审定、批准等人员签字非常重要，如果没有签字就无法确认该文件的有效性，也没有人对文件负责，因此没有人敢使用。日期直接反映文件的有效性，因为在实际应用中，可能会经常修改技术文件，一般是最新日期的文件替代旧日期的文件。

3. 信息点数量统计表的编制过程

设计人员为了快速合计和方便制表，一般使用Excel工作表软件进行信息点数量统计表的编制。

1-信息点数量统计表

（1）创建工作表　首先打开Excel工作表软件，创建1个通用表格，如图1-3所示。同时必须给文件命名，文件命名应该直接反映项目名称和文件主要内容，把该文件命名为"住宅综合布线教学模型信息点数量统计表"。

（2）编制表格，填写栏目内容　根据项目需求，调整表格形式，填写栏目内容，将表格编制为适合使用的信息点数量统计表。图1-4为已编制好的空白信息点数量统计表。

图1-3 住宅综合布线教学模型信息点数量统计表

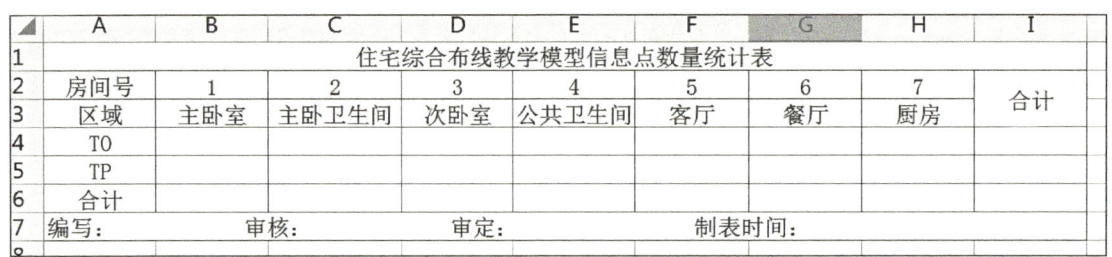

图1-4 已编制好的空白信息点数量统计表

（3）填写数据和语音信息点数量 制作信息点数量统计表的关键在于信息点数量与安装位置的分析与计算，要得到合适且准确的信息点数量与安装位置就必须先进行项目需求分析，并通过分析和计算获得每一房间需要的信息点数量。在每个房间首先确定数据信息点的数量，然后考虑语音信息点的数量，同时还要考虑其他智能化设备的需要，例如，电动窗帘、报警和视频监控等设备的网络接口等，以下是对住宅综合布线教学模型的需求分析。

1）主卧室规划设计有信息点8个。

① 书桌位置2个数据信息点，用于台式计算机、路由器等联网需求。

② 电动窗帘位置2个数据信息点，用于电动窗帘等智能家居设备需求。

③ 右上角位置2个数据信息点，用于报警探测器、监控摄像机等需求。

④ 卫生间淋浴位置2个数据信息点，用于智能电热水器等智能家居设备需求。

2）次卧室规划设计有信息点6个。

① 写字台位置2个数据信息点，用于台式计算机、笔记本计算机、无线路由器等需求。

② 电动窗帘位置2个数据信息点，用于电动窗帘等智能家居设备需求。

③ 左下角位置2个数据信息点，用于报警探测器、监控摄像机等需求。

3）客厅规划设计有信息点10个。

① 电视机位置2个数据信息点，用于电视机、路由器等需求。

② 电动窗帘位置4个数据信息点，用于电动窗帘等智能家居设备需求。

③ 右下角位置2个数据信息点，用于报警探测器、监控摄像机等需求。

④ 饮水机位置2个数据信息点，用于智能饮水机等智能家居设备需求。

4）餐厅规划设计有信息点6个。

① 餐桌位置2个数据信息点，用于笔记本计算机、POE充电、智能家居设备等需求。

② 电动窗帘位置2个数据信息点，用于电动窗帘等智能家居设备需求。

③ 左上角墙角2个数据信息点，用于报警探测器、监控摄像机等需求。

5）厨房规划设计有信息点4个。

① 电冰箱位置2个数据信息点，用于智能冰箱等智能家居设备需求和预留。

② 燃气灶位置2个数据信息点，用于燃气探测器、报警探测器等需求和预留。

6）卫生间规划设计有信息点2个。卫生间淋浴位置2个数据信息点，用于智能电热水器等智能家居设备需求。

根据需求分析所得到的数据，将每个房间的数据信息点、语音信息点等数量填写到表格中，填写时按顺序逐个房间进行，分析应用需求和划分工作区，确认信息点数量。

表格中对于不需要设置信息点的位置不能空白，而是填写0，表示已经考虑过这个点。图1-5为已经填写好的表格。

住宅综合布线教学模型信息点数量统计表								
房间号	1	2	3	4	5	6	7	合计
区域	主卧室	主卧卫生间	次卧室	公共卫生间	客厅	餐厅	厨房	
TO	6	2	6	2	10	6	4	
TP	0	0	0	0	0	0	0	
合计								
编写：	审核：		审定：		制表时间：			

图1-5 已经填写好的表格

（4）合计数量　首先按照行分别统计出数据信息点和语音信息点数量，然后按照列统计出每个房间的信息点数量，最后进行合计。这样就完成了信息点数量统计表的编制，全面清楚地反映了全部信息点。最后注明编制人员及制表时间。在图1-6中看到，该住宅建筑模型共计有36个信息点，其中数据信息点36个，语音信息点0个。

住宅综合布线教学模型信息点数量统计表								
房间号	1	2	3	4	5	6	7	合计
区域	主卧室	主卧卫生间	次卧室	公共卫生间	客厅	餐厅	厨房	
TO	6	2	6	2	10	6	4	36
TP	0	0	0	0	0	0	0	0
合计	6	2	6	2	10	6	4	36
编制：	审核：		审定：		制表时间：			

图1-6 完成的信息点数量统计表

（5）打印和签字盖章　在实际工程中，信息点数量统计表编写完成后，需要将文件打印出来，手写填入编制人员名单和制表时间，然后交由项目相关的负责人进行审核和审定，相关负责人完成审核、审定工作并签字确认。

任务实施

根据住宅综合布线教学模型的需求和本任务学习的知识，完成住宅综合布线教学模型的综合布线信息点数量统计表的编制任务，样表如图1-6所示。

按照表1-3所示内容逐项审查自己的任务成果，要求每一项都能做到最好，完成任务后按照表1-3要求进行评分，并邀请同学和老师给自己的任务成果进行评分。

表1-3　住宅综合布线教学模型信息点数量统计表任务评分表

评分人员	表格设计合理（10分）	数据正确（60分）	文件名称准确（10分）	签字和日期正确（10分）	按时完成（10分）	合计
自我评分						
同学评分						
教师评分						

学习任务3　住宅综合布线系统布线系统图

知识目标

- 了解布线系统图的应用。
- 明确布线系统图的编制要点。
- 了解布线系统图的编制过程。

能力目标

- 掌握布线系统图的识读能力。
- 掌握布线系统图的编制能力。

素质目标

- 培养学生精益求精的工匠精神。
- 培养学生的职业知识和技能。

知识准备

1. 布线系统图的应用

布线系统图是综合布线设计图中必有的重要内容，一般在电气施工图册的弱电图部分的首页。布线系统图直观反映了信息点的连接关系，直接决定了系统网络应用拓扑图。

2. 布线系统图的绘制要点

（1）图形符号正确　在布线系统图设计时，必须使用规范的图形符号，保证技术人员和现场施工人员能够快速读懂图样，并且在综合布线系统图中给予说明。GB 50311—2016《综合布线系统工程设计规范》中使用的图形符号如下：

|×|：代表网络设备和配线设备，左右两边的竖线代表网络配线架，例如，光纤配线架、电缆、配线架，中间的×代表跳线。

□：代表信息插座，例如，单口信息插座、双口信息插座等。

——：代表缆线，例如，光缆、双绞线电缆等。

（2）连接关系清楚　在工程设计阶段，设计布线系统图的目的就是规定信息点的连接关系，因此必须按照相关标准规定，清楚地给出信息点之间的连接关系、信息点与管理间配线架之间的连接关系，这些连接关系实际上决定网络拓扑图。

GB 50311—2016《综合布线系统工程设计规范》对于系统设计有如下规定。

1）综合布线系统应为开放式网络拓扑结构，应能支持语音、数据、图像、多媒体等业务信息传递的应用。

2）综合布线系统的基本结构应包括建筑群子系统、干线子系统和配线子系统，如图1-7所示。配线子系统中可以设置集合点（CP），也可不设置集合点。

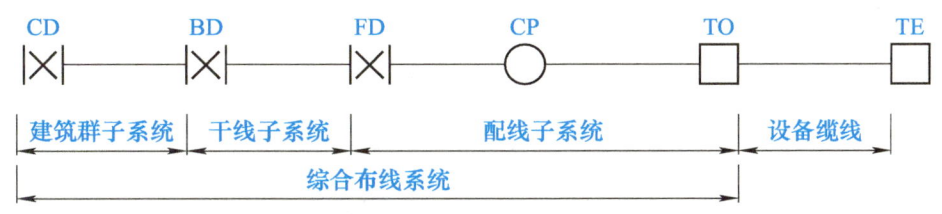

图1-7　综合布线系统的基本结构

3）综合布线系统工程设计应符合下列规定：

① 一个独立的需要设置终端设备（TE）的区域宜划分为一个工作区。工作区应包括信息插座模块（TO）、终端设备处的连接缆线及适配器。

② 配线子系统应由工作区内的信息插座模块、信息插座模块至电信间配线设备（FD）的水平缆线、电信间的配线设备及设备缆线和跳线等组成。

（3）缆线型号标记正确　在布线系统图中要将系统设计的缆线规定清楚，如双绞线电缆可分为5类、5e类、6类等，缆线的选型也直接影响工程总造价。

（4）说明完整　布线系统图设计完成后，必须在空白位置增加设计说明。设计说明一般是对图的补充，帮助理解和阅读图样，对系统图中使用的符号给予说明。例如，增加图形符号说明，对信息点总数和个别特殊需求给予说明等。

（5）标题栏完整　标题栏是任何工程图都不可或缺的内容，一般在图的右下角。标题栏一般至少包括以下内容：

1）绘图、审核、审定等负责人签字栏。

2）绘图日期、绘图比例等绘图信息。

3）类别名称、项目名称、图样名称、图样类别、图样编号等图样信息。

标题栏也可以根据需求或者用人单位要求增加一些内容，具体根据实际情况而定。

3. 综合布线系统图的绘制过程

综合布线系统图一般使用AutoCAD或Visio软件进行绘制。下面使用AutoCAD来绘制住宅建筑模型综合布线系统图。

（1）创建AutoCAD绘图文件　新建AutoCAD绘图文件，单击"开始绘制"按钮进入绘图界面，如图1-8所示。

2-布线系统图

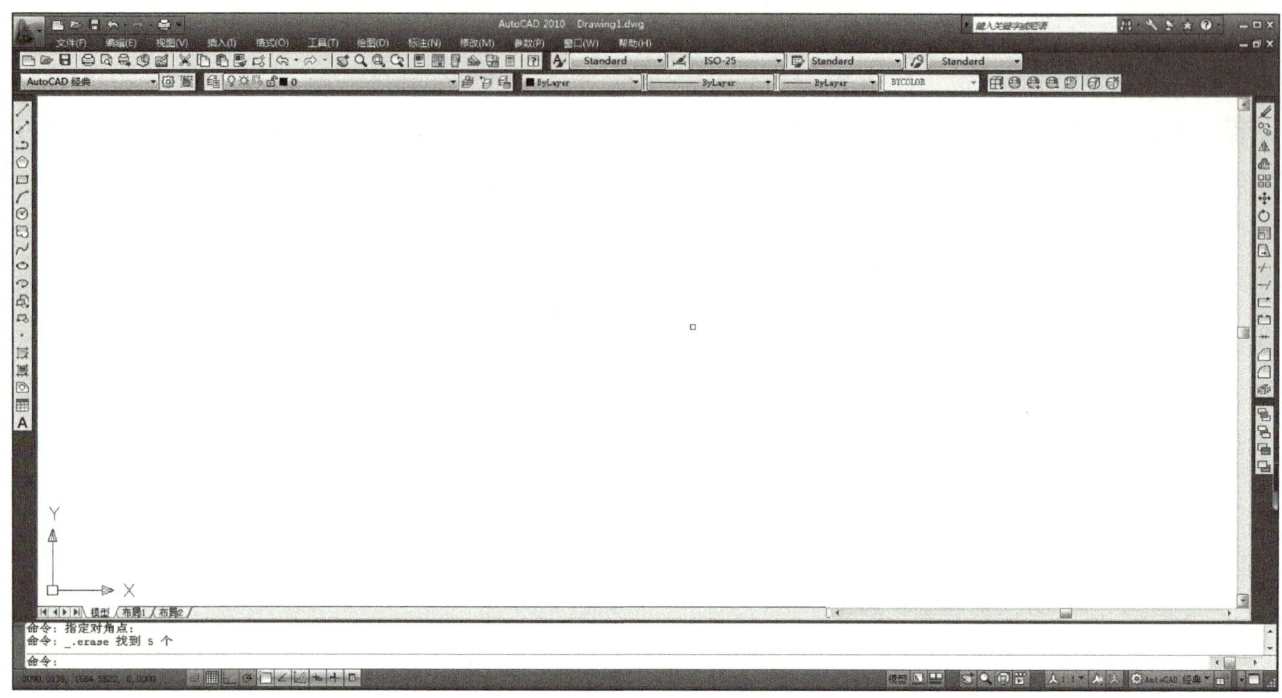

图1-8　AutoCAD绘图界面

（2）绘制配线设备　使用AutoCAD软件绘制图形，步骤如下：

1）绘制一条长度为100的垂直线段，使用复制或者偏移命令在距离线段100的位置复制一条一模一样的垂直线段，如图1-9所示。

2）在两根垂直线段之间绘制两根对角线，使两根对角线在中间位置交叉，如图1-10所示。

3）将两根垂直线段向中间位置偏移15的距离，如图1-11所示。

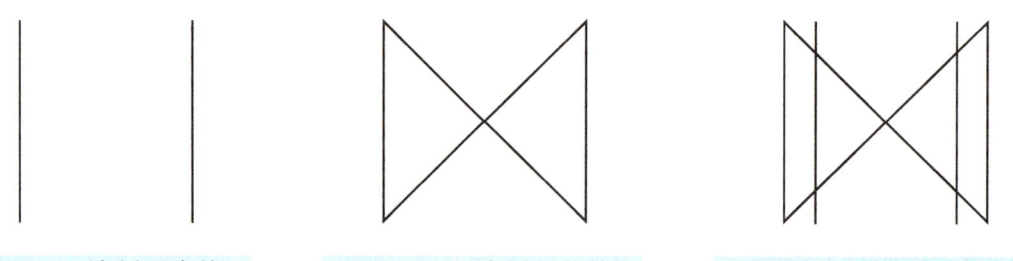

图1-9　绘制垂直线　　　　图1-10　绘制对角线　　　　图1-11　偏移垂直线段

4）使用剪切命令，将垂直线段之间多余的对角线裁剪掉，如图1-12所示。

5）删除内侧的垂直线段，完成配线设备绘制，如图1-13所示。

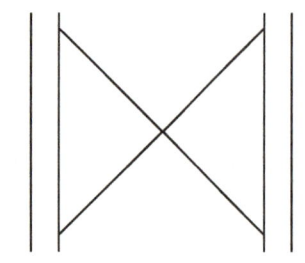　　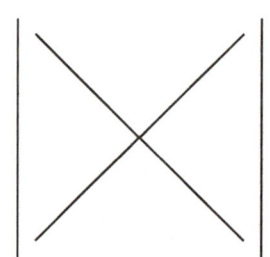

图1-12　剪除多余交叉线　　　　图1-13　完成配线设备绘制

6）利用"W"命令将其保存为"配线设备"块，如图1-14所示。

图1-14　保存为"配线设备"块

7）绘制正方形，如图1-15所示。利用"W"命令，将其保存为"信息插座"块，如图1-16所示。

图1-15　绘制正方形　　　　图1-16　保存为"信息插座"块

(3)插入设备图形 保存好块之后,在绘制布线系统图时,通过"插入块"命令将绘制好的"配线设备"与"信息插座"块插入图中,通过"复制"和"移动"命令进行排列。

(4)设计网络连接关系 根据系统设备连接关系,利用"直线"命令连接设备,这些连接关系实际上决定了网络拓扑图,如图1-17所示。

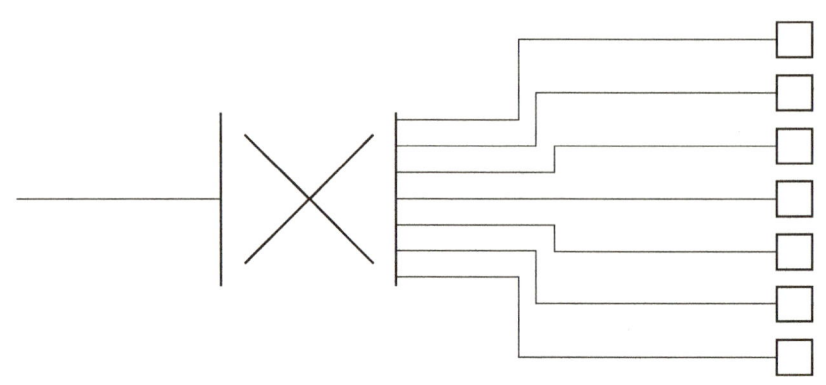

图1-17 网络连接关系

(5)添加标注 为了方便快速阅读图样,一般在图样中加入文字说明,如图1-18所示。

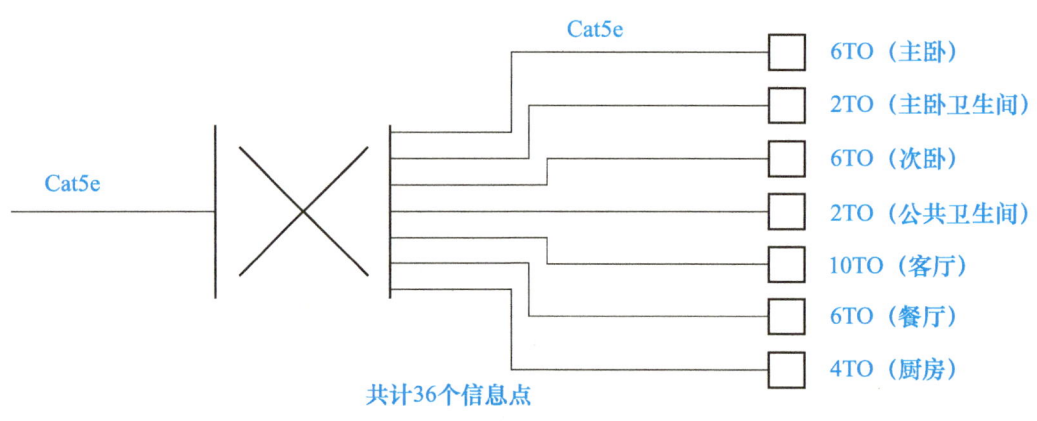

图1-18 添加标注

(6)添加说明 为了更加清楚地说明设计思想,帮助读者快速阅读和理解图样,减少对图样的误解,一般要在图样的空白位置增加设计说明,重点说明特殊图形符号和设计要求。对布线系统图添加说明,如图1-19所示。

(7)设计标题栏 标题栏是工程图样不可或缺的内容,一般在图样的右下角。图1-20中的标题栏为一个典型应用实例。

(8)AutoCAD保存设计图 在菜单栏中选择"文件"→"另存为"命令,将当前图形保存到新的位置,系统弹出"图形另存为"对话框,输入文件名"综合布线系统图",单击"保存"按钮,如图1-21和图1-22所示。

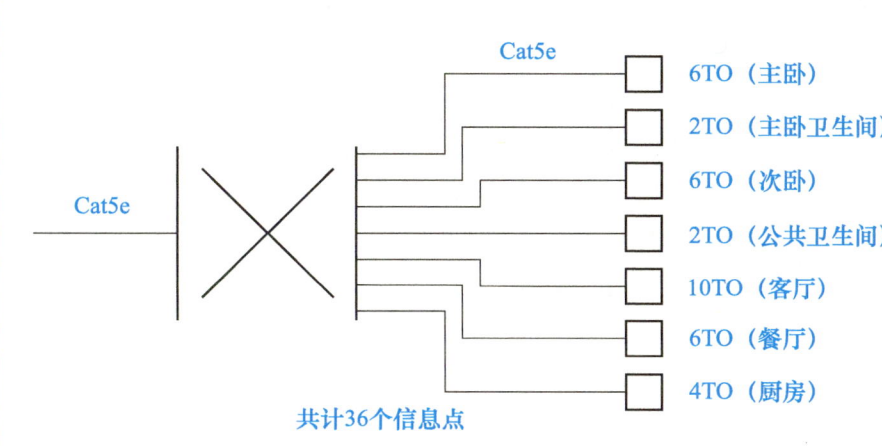

图1-19 添加说明

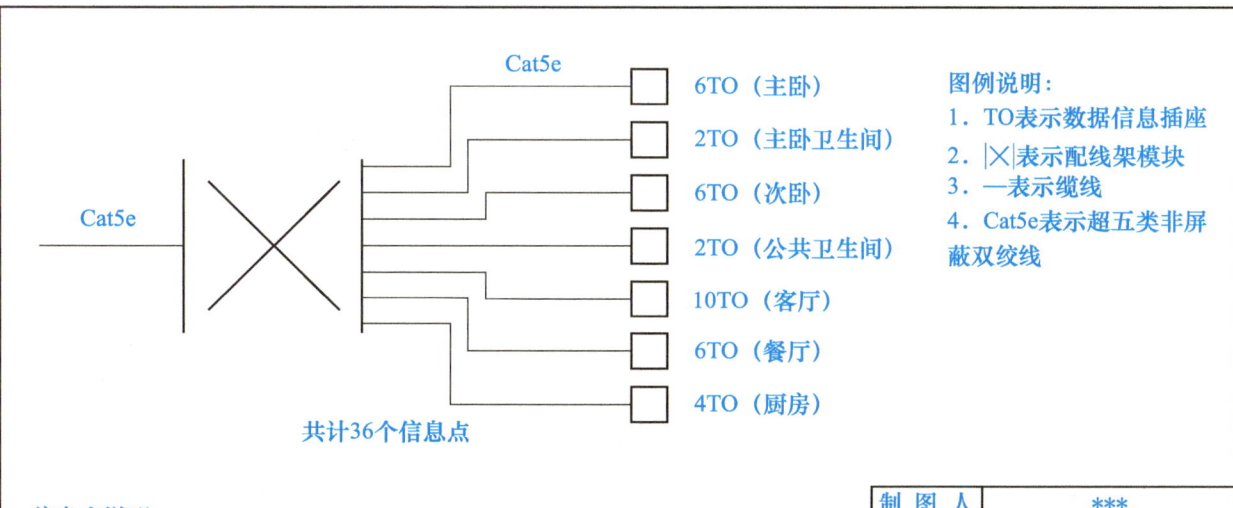

图1-20 设计标题栏

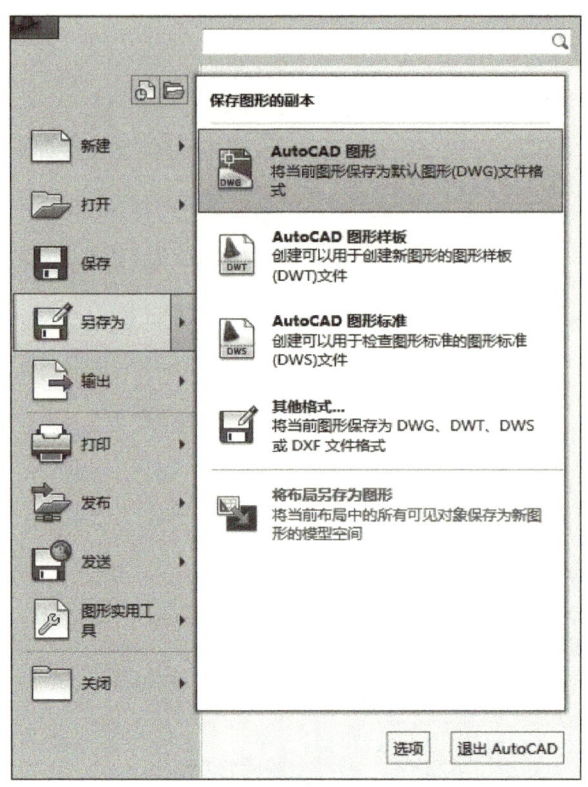

图1-21　另存为AutoCAD图形

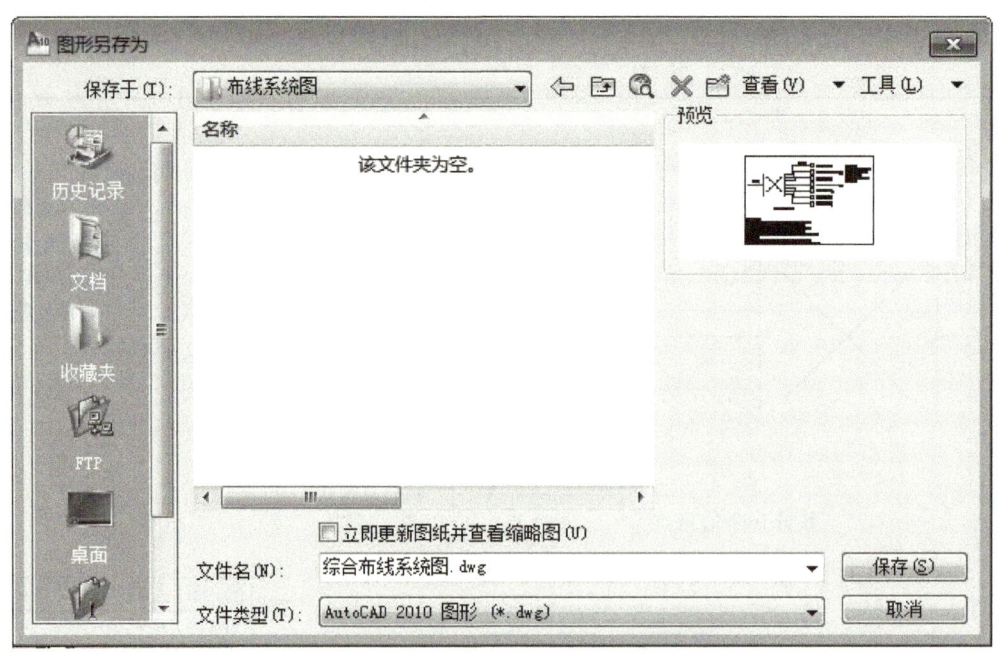

图1-22　输入文件名"综合布线系统图"

任务实施

根据住宅综合布线教学模型的需求和本任务学习的知识，完成住宅综合布线教学模型的综合布线系统图的设计与绘制任务，样图如图1-20所示。

按照表1-4的内容，逐项审查自己的任务成果，要求每一项都能做到最好，完成任务后按照下表要求进行评分，并邀请同学和老师给自己的任务成果进行评分。

表1-4 住宅综合布线教学模型布线系统图任务评分表

评分人员	图形符号正确（10分）	连接关系清楚（40分）	缆线型号标记正确（10分）	说明完整（10分）	图面布局合理（10分）	标题栏完整（10分）	按时完成（10分）	合计
自我评分								
同学评分								
教师评分								

学习任务4　住宅综合布线系统端口对应表

知识目标

- 了解布线系统端口对应表的应用。
- 明确布线系统端口对应表的编制要点。
- 了解布线系统端口对应表的编制过程。

能力目标

- 掌握布线系统端口对应表的识读能力。
- 掌握布线系统端口对应表的编制能力。

素质目标

- 培养学生精益求精的工匠精神。
- 培养学生的职业知识和技能。

知识准备

1. 端口对应表的应用

端口对应表是综合布线施工必需的技术文件，应该在施工前完成，并且打印带到施工现场，方便现场施工编号，每个信息点必须具有唯一的编号。端口对应表主要规定房间编号、每个信息点的编号、配线架编号、端口编号、机柜编号等，用于系统管理、施工和后续日常维护。

2. 端口对应表的编制要求

（1）表格设计合理　一般使用A4幅面竖向排版的文件，要求表格打印后，表格宽度和文字大小合理，编号清楚，特别是编号数字不能太大或者太小，一般使用小4号字或者5号字。

（2）信息点编号正确　信息点编号一般由数字+字母组成。编号包含插座底盒编号、配线架编号、配线架端口编号、机柜编号等信息，能够直观反映信息点与配线架端口的对应关系，本书采用的信息点编号规则如图1-23所示。

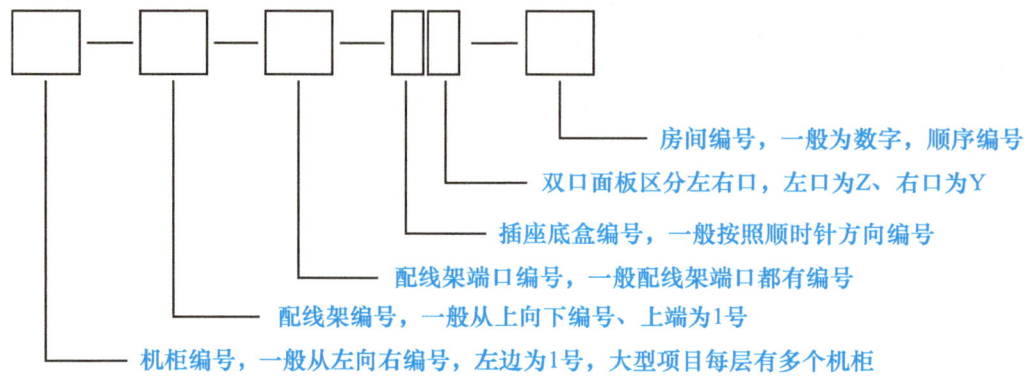

图1-23 信息点编号规则

（3）文件名称准确　端口对应表作为工程技术文件，文件名称必须准确，能够直接反映该文件内容。

（4）签字和日期正确　作为工程技术文件，编写、审核、审定、批准等人员签字非常重要，如果没有签字就无法确认该文件的有效性，也没有人对文件负责，更没有人敢使用。日期直接反映文件的有效性，因为在实际应用中，可能会经常修改技术文件，一般是最新日期的文件替代旧日期的文件。

3. 端口对应表的编制过程

端口对应表的编制一般使用Word软件或Excel软件。下面使用Excel软件完成端口对应表的编制。

3-端口对应表

（1）文件命名和表头设计　首先创建一个Excel文件，给文件命名为"住宅综合布线教学模型端口对应表"。然后编写表格标题和表头信息，如图1-24所示，表格标题为"住宅综合布线教学模型端口对应表"。

图1-24 编写表格标题和表头信息

（2）设计表格　在设计表格的时候，首先要分析端口对应表需要包含的主要信息，确定表格列数量，住宅综合布线教学模型不涉及楼层管理间，所以这里就不包含"机柜编号"。如图1-25所示，表中一共6列，第1列为"序号"；第2列为"信息点编号"；第3列为"配线架编号"；第4列为"配线架端口编号"；第5列为"插座底盒编号"；第6列为"房间编号"。其次确定表格行数，一般第1行为类别信息，其余按照信息点总数量设置行数，每个信息点1行。

	A	B	C	D	E	F
1	住宅综合布线教学模型端口对应表					
2	序号	信息点编号	配线架编号	配线架端口编号	插座底盒编号	房间编号
3	1					
4	2					
5	3					
6	4					
7	5					
8	6					
9	7					
10	8					
11	9					
12	10					
13	11					
14	12					
15	13					

图1-25　住宅综合布线教学模型端口对应表列名

（3）填写配线架编号　根据前面的信息点数量统计表，知道住宅建筑模型共设计有36个信息点，设计中一般用2个24口配线架就能够满足全部信息点的配线端接要求了。把2个配线架依次命名为1号和2号，因此在表格中“配线架编号”栏，前24行填写“1”，后12行填写“2”，填写完成后结果如图1-26所示。

住宅综合布线教学模型端口对应表					
序号	信息点编号	配线架编号	配线架端口编号	插座底盒编号	房间编号
1		1			
2		1			
3		1			
4		1			
5		1			
6		1			
7		1			
8		1			
9		1			
10		1			
11		1			
12		1			
13		1			
14		1			
15		1			
16		1			
17		1			
18		1			
19		1			
20		1			
21		1			
22		1			
23		1			
24		1			
25		2			
26		2			
27		2			
28		2			
29		2			
30		2			
31		2			
32		2			
33		2			
34		2			
35		2			
36		2			

图1-26　填写配线架编号

（4）填写配线架端口编号　配线架端口编号在生产时都印刷在每个端口的下边，在工程安装中，一般每个信息点对应一个端口，一个端口只能端接一根双绞线电缆。因此，在表格中“配线架端口编号”栏从上到下，前24行依次填写数字1～24，后12行依次填写数字1～12，填写完成后结果如图1-27所示。

（5）填写房间编号　设计单位在实际工程前期设计图样中，每个房间或区域都没有数字或用途编号，弱电设计时首先给每个房间或区域编号。住宅建筑模型共7个房间，根据信息点数量统计表的房间号及各个房间的信息点数量，填写房间编号。例如，1号主卧室共有6个信息点，则在房间编号中第1～6行填写编号1，其余依次类推，房间有多少个信息点就占据多少行，填写完成后结果如图1–28所示。

住宅综合布线教学模型端口对应表

序号	信息点编号	配线架编号	配线架端口编号	插座底盒编号	房间编号
1		1	1		
2		1	2		
3		1	3		
4		1	4		
5		1	5		
6		1	6		
7		1	7		
8		1	8		
9		1	9		
10		1	10		
11		1	11		
12		1	12		
13		1	13		
14		1	14		
15		1	15		
16		1	16		
17		1	17		
18		1	18		
19		1	19		
20		1	20		
21		1	21		
22		1	22		
23		1	23		
24		1	24		
25		2	1		
26		2	2		
27		2	3		
28		2	4		
29		2	5		
30		2	6		
31		2	7		
32		2	8		
33		2	9		
34		2	10		
35		2	11		
36		2	12		

图1–27　填写配线架端口编号

住宅综合布线教学模型端口对应表

序号	信息点编号	配线架编号	配线架端口编号	插座底盒编号	房间编号
1		1	1		1
2		1	2		1
3		1	3		1
4		1	4		1
5		1	5		1
6		1	6		1
7		1	7		2
8		1	8		2
9		1	9		3
10		1	10		3
11		1	11		3
12		1	12		3
13		1	13		3
14		1	14		3
15		1	15		4
16		1	16		4
17		1	17		5
18		1	18		5
19		1	19		5
20		1	20		5
21		1	21		5
22		1	22		5
23		1	23		5
24		1	24		5
25		2	1		5
26		2	2		5
27		2	3		6
28		2	4		6
29		2	5		6
30		2	6		6
31		2	7		6
32		2	8		6
33		2	9		7
34		2	10		7
35		2	11		7
36		2	12		7

图1–28　填写房间编号

（6）填写插座底盒编号　在实际工程中，每个房间或者区域往往设计有多个插座底盒，对这些插座底盒也要编号，一般按照顺时针方向从1开始编号。如果某个位置只有一个信息点，就选用单口面板插座；如果某个位置有两个信息点，一般就采用双口面板插座，根据信息点分布情况填写插座底盒编号。例如，1号主卧室设计有6个信息点，每个需要安装信息点的位置都是安装两个信息点，因此只需要3个双口面板插座，如电动窗帘处插座底盒编号为1，则左上角报警器和监控插座底盒编号为2，书桌处插座底盒编号为3。在表格前两行填写“1”，依次对应填写，填写完成后结果如图1–29所示。

（7）填写信息点编号　完成上面的六步后，编写信息点编号就容易了，把每行第3～7栏的数字或者字母用横线连接起来，填写在“信息点编号”栏。特别注意双口面板一般安装2个信息模块，为了区分这2个信息点，一般左边用“Z”，右边用“Y”，用这两个大写字母对两个信息点进行标记和区分。为了使安装施工人员快速读懂端口对应表，需要把编号规定作为编制说明设计在端口对应表文件中，填写完成后结果如图1–30所示。

住宅综合布线教学模型端口对应表					
序号	信息点编号	配线架编号	配线架端口编号	插座底盒编号	房间编号
1		1	1	1	1
2		1	2	1	1
3		1	3	2	1
4		1	4	2	1
5		1	5	3	1
6		1	6	3	1
7		1	7	1	2
8		1	8	1	2
9		1	9	1	3
10		1	10	1	3
11		1	11	2	3
12		1	12	2	3
13		1	13	3	3
14		1	14	3	3
15		1	15	1	4
16		1	16	1	4
17		1	17	1	5
18		1	18	1	5
19		1	19	2	5
20		1	20	2	5
21		1	21	3	5
22		1	22	3	5
23		1	23	4	5
24		1	24	4	5
25		2	1	5	5
26		2	2	5	5
27		2	3	1	6
28		2	4	1	6
29		2	5	2	6
30		2	6	2	6
31		2	7	3	6
32		2	8	3	6
33		2	9	1	7
34		2	10	1	7
35		2	11	2	7
36		2	12	2	7

图1-29　填写插座底盒编号

住宅综合布线教学模型端口对应表					
序号	信息点编号	配线架编号	配线架端口编号	插座底盒编号	房间编号
1	1-1-1Z-1	1	1	1	1
2	1-2-1Y-1	1	2	1	1
3	1-3-2Z-1	1	3	2	1
4	1-4-2Y-1	1	4	2	1
5	1-5-3Z-1	1	5	3	1
6	1-6-3Y-1	1	6	3	1
7	1-7-1Z-2	1	7	1	2
8	1-8-1Y-2	1	8	1	2
9	1-9-1Z-3	1	9	1	3
10	1-10-1Y-3	1	10	1	3
11	1-11-2Z-3	1	11	2	3
12	1-12-2Y-3	1	12	2	3
13	1-13-3Z-3	1	13	3	3
14	1-14-3Y-3	1	14	3	3
15	1-15-1Z-4	1	15	1	4
16	1-16-1Y-4	1	16	1	4
17	1-17-1Z-5	1	17	1	5
18	1-18-1Y-5	1	18	1	5
19	1-19-2Z-5	1	19	2	5
20	1-20-2Y-5	1	20	2	5
21	1-21-3Z-5	1	21	3	5
22	1-22-3Y-5	1	22	3	5
23	1-23-4Z-5	1	23	4	5
24	1-24-4Y-5	1	24	4	5
25	2-1-5Z-5	2	1	5	5
26	2-2-5Y-5	2	2	5	5
27	2-3-1Z-6	2	3	1	6
28	2-4-1Y-6	2	4	1	6
29	2-5-2Z-6	2	5	2	6
30	2-6-2Y-6	2	6	2	6
31	2-7-3Z-6	2	7	3	6
32	2-8-3Y-6	2	8	3	6
33	2-9-1Z-7	2	9	1	7
34	2-10-1Y-7	2	10	1	7
35	2-11-2Z-7	2	11	2	7
36	2-12-2Y-7	2	12	2	7

图1-30　填写信息点编号

（8）填写编制人和单位等信息　如图1-31所示，在端口对应表的下面必须填写“编制”“审核”“审定”“制表时间”等信息。具体填写信息视实际情况而定。

住宅综合布线教学模型端口对应表					
序号	信息点编号	配线架编号	配线架端口编号	插座底盒编号	房间编号
1	1-1-1Z-1	1	1	1	1
2	1-2-1Y-1	1	2	1	1
3	1-3-2Z-1	1	3	2	1
4	1-4-2Y-1	1	4	2	1
5	1-5-3Z-1	1	5	3	1
6	1-6-3Y-1	1	6	3	1
7	1-7-1Z-2	1	7	1	2
8	1-8-1Y-2	1	8	1	2
9	1-9-1Z-3	1	9	1	3
10	1-10-1Y-3	1	10	1	3
11	1-11-2Z-3	1	11	2	3
12	1-12-2Y-3	1	12	2	3
13	1-13-3Z-3	1	13	3	3
14	1-14-3Y-3	1	14	3	3
15	1-15-1Z-4	1	15	1	4
16	1-16-1Y-4	1	16	1	4
17	1-17-1Z-5	1	17	1	5
18	1-18-1Y-5	1	18	1	5
19	1-19-2Z-5	1	19	2	5
20	1-20-2Y-5	1	20	2	5
21	1-21-3Z-5	1	21	3	5
22	1-22-3Y-5	1	22	3	5
23	1-23-4Z-5	1	23	4	5
24	1-24-4Y-5	1	24	4	5
25	2-1-5Z-5	2	1	5	5
26	2-2-5Y-5	2	2	5	5
27	2-3-1Z-6	2	3	1	6
28	2-4-1Y-6	2	4	1	6
29	2-5-2Z-6	2	5	2	6
30	2-6-2Y-6	2	6	2	6
31	2-7-3Z-6	2	7	3	6
32	2-8-3Y-6	2	8	3	6
33	2-9-1Z-7	2	9	1	7
34	2-10-1Y-7	2	10	1	7
35	2-11-2Z-7	2	11	2	7
36	2-12-2Y-7	2	12	2	7
编制：	审核：	审定：	制表时间：		

图1-31　填写编制、审核、审定、制表时间等信息

> 任务实施

根据住宅综合布线教学模型的需求和本任务学习的知识，完成住宅综合布线教学模型的综合布线系统端口对应表编制与填写任务，样表如图1-31所示。

按照表1-5所示内容逐项审查自己的任务成果，要求每一项都能做到最好，完成任务实施后按照下表要求进行评分，并邀请同学和老师给自己的任务成果进行评分。

表1-5 住宅综合布线教学模型端口对应表任务评分表

评分人员	表格设计合理（10分）	信息点编号正确（40分）	配线架编号正确（5分）	配线架端口编号正确（10分）	插座底盒编号正确（20分）	房间编号正确（5分）	按时完成（10分）	合计
自我评分								
同学评分								
教师评分								

学习任务5 住宅综合布线系统施工图

知识目标

- 了解施工图的应用。
- 明确施工图的编制要点。
- 了解施工图的编制过程。

能力目标

- 掌握施工图的识读能力。
- 掌握施工图的编制能力。

素质目标

- 培养学生精益求精的工匠精神。
- 培养学生的职业知识和技能。

> 知识准备

1. 施工图的应用

施工图是综合布线施工必需的技术文件，应该在施工前完成，并且打印好带到施工现场，方便现场施工。施工图中明确标注出施工过程中需要注意的要求和标准，例如，信息点安装位置、信息插座安装方式、布线路由设计、使用管槽规格、管槽转弯半径等以及其他要注意或遵守的标准等信息。

2. 施工图的绘制要点

（1）图形符号正确　施工图设计的图形符号要符合相关建筑设计标准和图集规定。

（2）位置设计合理正确　在施工图中，对穿线管、信息插座、布线路由等的设计要合理，符合相关标准规定。例如，网络信息插座安装高度，GB 50311—2016《综合布线系统工程设计规范》安装工艺中要求暗装或明装在墙体或柱子上的信息插座盒底距地高度宜为300mm；安装在工作台侧隔板面及临近墙面上的信息插座盒底距地宜为1.0m；信息插座模块宜采用标准86系列面板安装。对于电视机、写字台等特殊需求和应用场合，为了方便接线，也可根据实际需求规划信息插座的位置。

（3）布线路由合理正确　施工图设计了全部缆线和设备等器材的安装管槽、安装路径、安装位置等，也直接决定工程项目的施工难度和成本。

（4）说明完整　施工图设计完成后，必须在图样的空白位置增加设计说明。设计说明一般是对图的补充，帮助理解和阅读图样，对系统图中使用的符号给予说明。例如，增加图形符号说明，对信息点位置特殊需求给予说明等。

（5）标题栏完整　标题栏是任何工程图样都不可或缺的内容，一般在图样的右下角。标题栏一般至少包括以下内容：

1）绘图、审核、审定等负责人签字栏。

2）绘图日期、绘图比例等绘图信息。

3）类别名称、项目名称、图样名称、图样类别、图样编号等图样信息。

3. 施工图的绘制过程

下面用AutoCAD软件，以住宅综合布线教学模型为例，介绍施工图的绘制方法，具体步骤如下。

4-布线施工图

（1）打开AutoCAD绘图软件　首先打开AutoCAD软件，进入绘图界面，如图1-32所示。

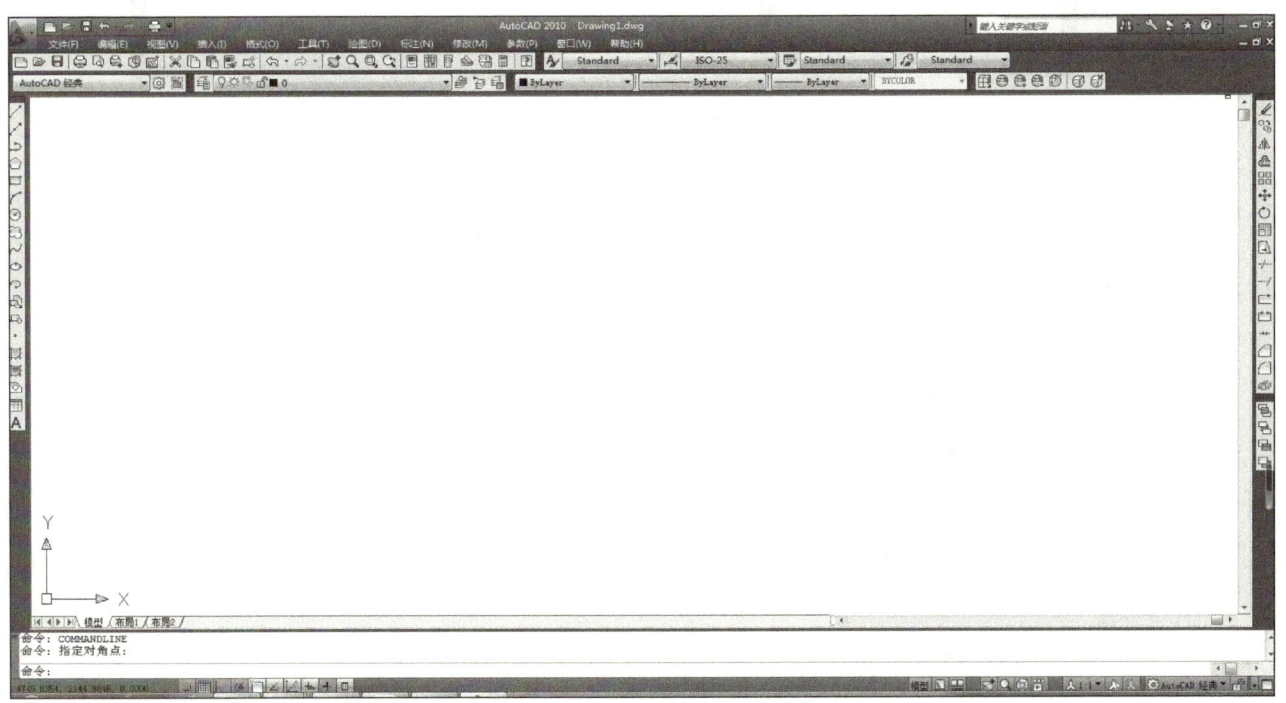

图1-32　AutoCAD绘图界面

（2）绘制住宅建筑模型平面布局图　按照住宅建筑模型实际尺寸，绘制住宅平面布局图，完成绘制的住宅平面布局图如图1-33所示。

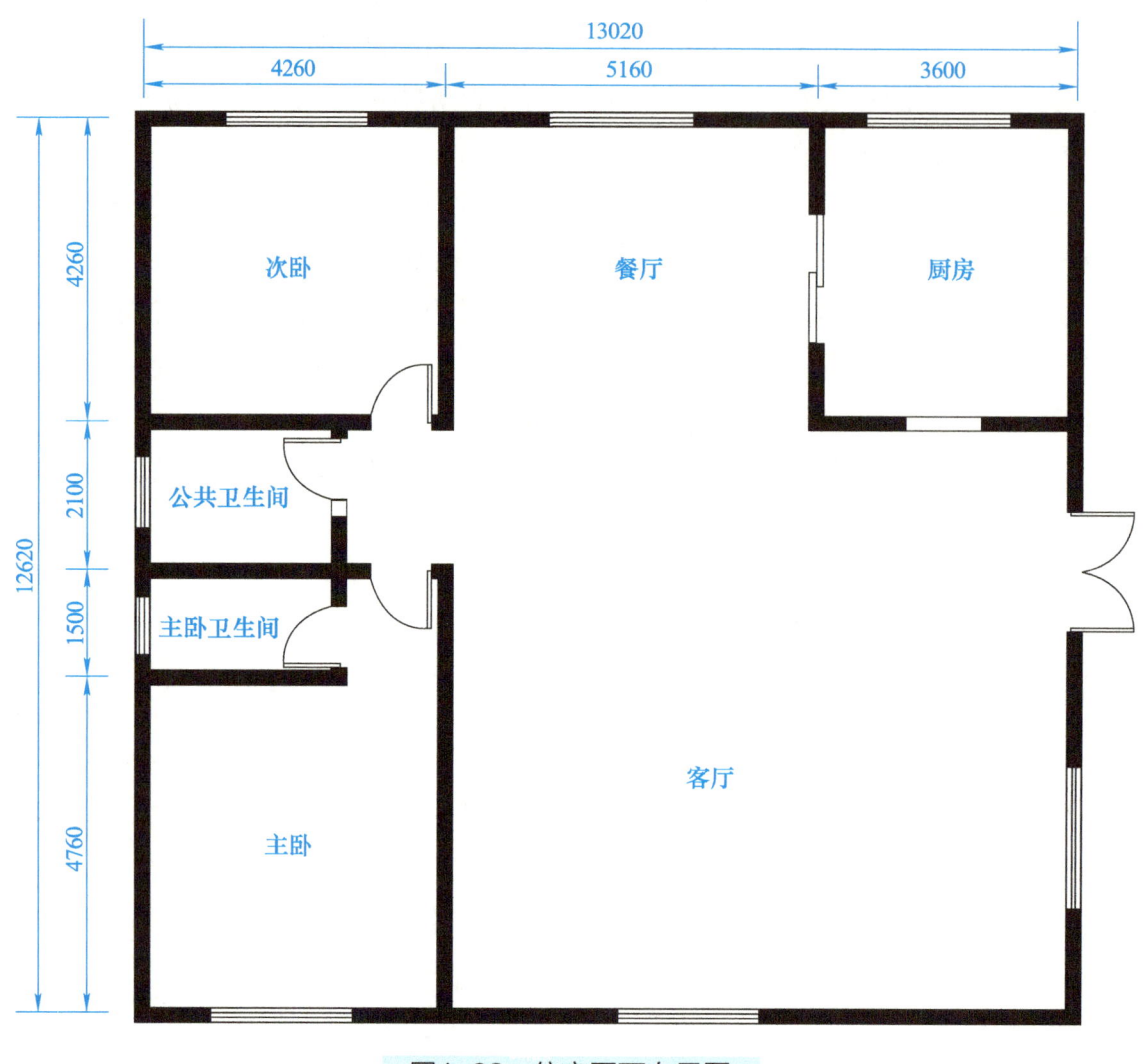

图1-33　住宅平面布局图

（3）设计信息点位置

1）墙面信息插座绘制：

①打开AutoCAD软件，新建文件。

②利用直线命令绘制一条长度为5的垂直线段，如图1-34所示。

③利用直线命令以垂直线段的下断点为起点绘制一条长度为10的水平线段，如图1-35所示。

④利用直线命令以水平线段的终点为起点绘制一条向上的长度为5的垂直线段，如图1-36所示。

⑤在水平线段的中点位置绘制一条长度为5的垂直线段，方向向下，如图1-37所示。

⑥执行"W"命令，弹出"写块"对话框，把墙面信息插座保存在硬盘上备用。

图1-34　绘制垂直线段

图1-35　绘制水平线段

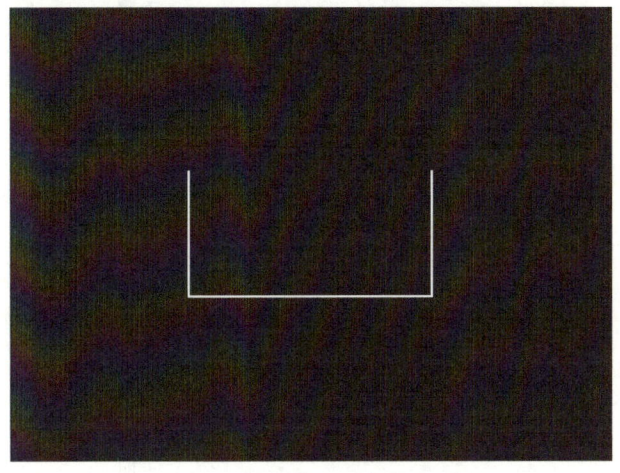

图1-36　绘制第二根垂直线段

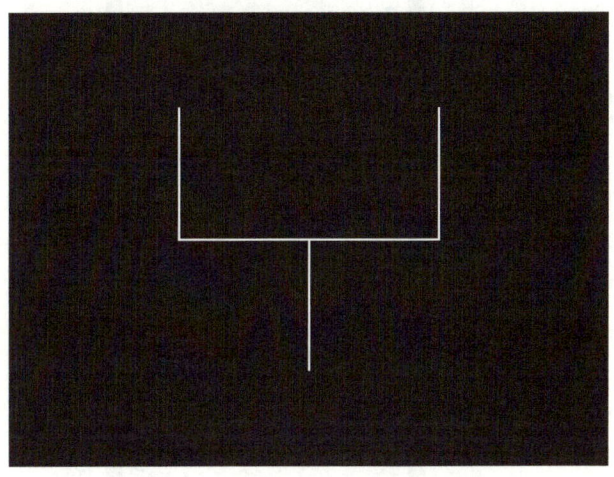

图1-37　绘制第三根垂直线段

2）完成墙面信息插座绘制之后，要规划好信息插座安装位置，并将信息插座图形插入设计图中的合适位置，GB 50311—2016《综合布线系统工程设计规范》中有关于信息插座安装的规定如下：

① 一个独立的需要设置终端设备（TE）的区域宜划分为一个工作区。工作区应包括信息插座模块（TO）、终端设备处的连接缆线及适配器。

② 每一个工作区信息插座模块数量不宜少于2个，并应满足各种业务的需求；底盒数量应由插座盒面板设置的开口数确定，每一个底盒支持安装的信息点（RJ-45模块或光纤适配器）数量不宜大于2个。

③ 暗装或明装在墙体或柱子上的信息插座盒底距地高度宜为300mm。

④ 安装在工作台侧隔板面及临近墙面上的信息插座盒底距地宜为1.0m。

⑤ 信息插座模块宜采用标准86系列面板安装。

根据以上国标规定以及项目需求，设计好信息点安装位置、安装数量以及种类，并将信息插座图标安装在合适位置。完成墙面信息插座绘制之后，根据住宅建筑模型需求分析及信息点数量统计表，设计每个房间信息点的位置，通过插入块操作将提前准备好的墙面信息插座插入平面布局图中，并调整好位置。在插座中央或者旁边位置标注TO（语音信息点）或者TP（数据信息点），并且在TO或者TP前面加上数字，表示信息点数量。完成以上操作，信息点的数量、种类、安装位置就都在图样中标示出来了，如图1-38所示。

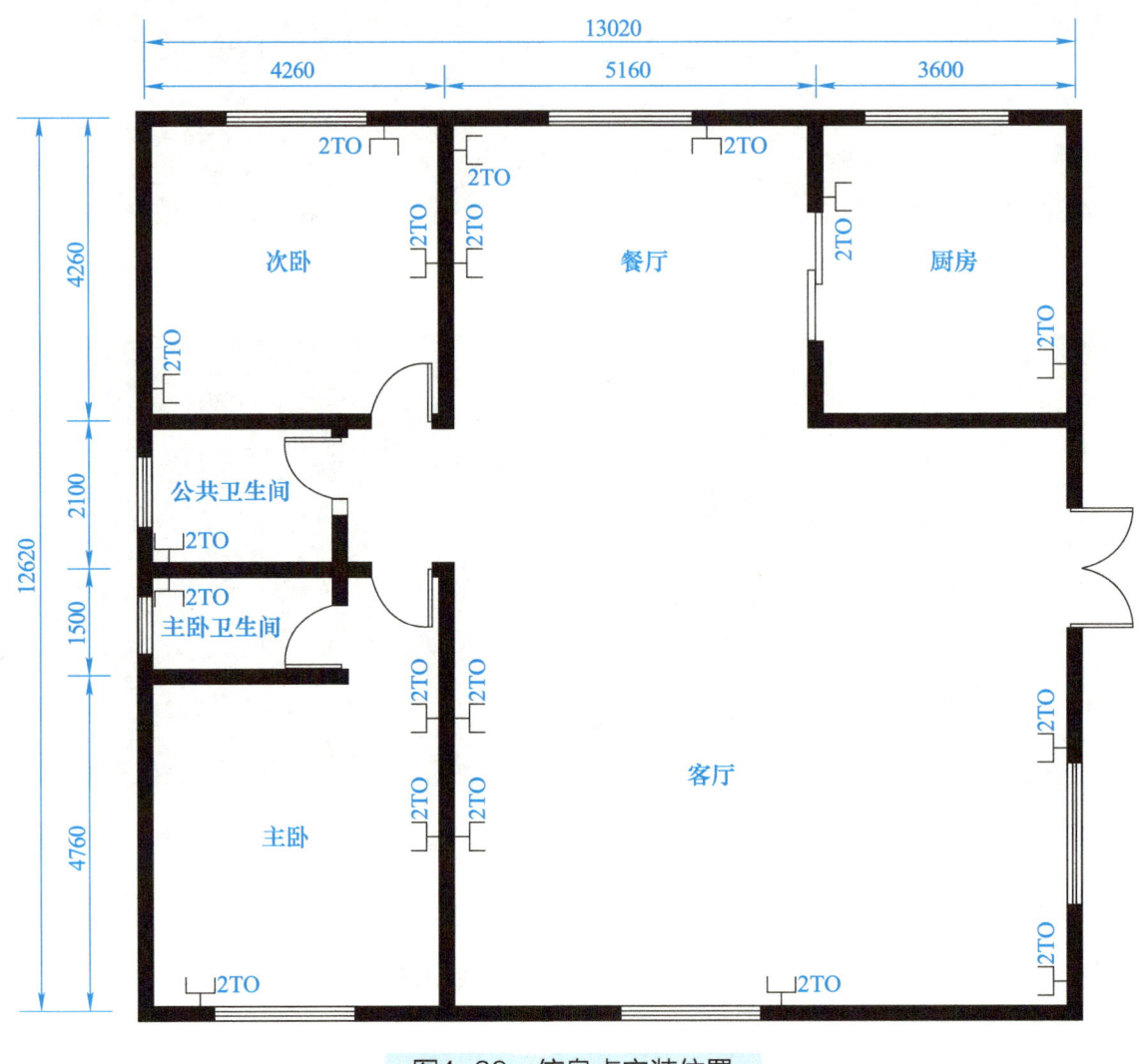

图1-38 信息点安装位置

（4）设计住宅信息箱位置　完成信息点安装位置设计之后，设计住宅信息箱的位置，住宅信息箱一般在住宅入户或门厅位置，信息箱体底部离地面高度应为500mm，安装位置如图1-39所示。

（5）设计布线路由　已经设计好布线路由的起点（住宅信息箱安装位置），也设计好了布线路由的终点（信息插座安装位置），接下来要设计的就是布线路由的路径，在设计布线路由时应遵守GB 50311—2016《综合布线系统工程设计规范》中的规定：

1）配线子系统应由工作区内的信息插座模块、信息插座模块至电信间配线设备（FD）的水平缆线、电信间的配线设备及设备缆线和跳线等组成。

2）主干缆线组成的信道出现4个连接器件时，缆线的长度不应小于15m。

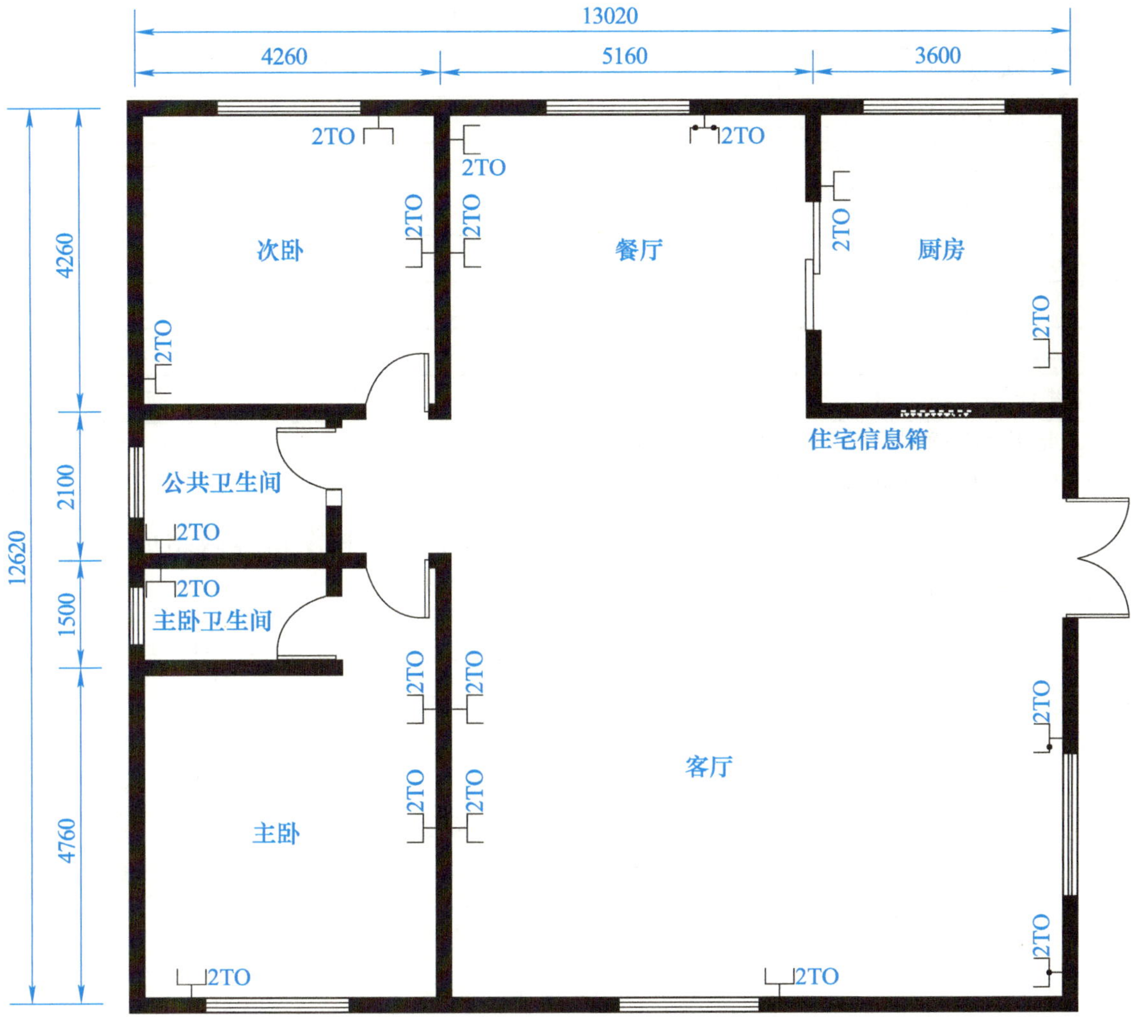

图1-39 住宅信息箱安装位置

3）布线信道应由长度不大于90m的水平缆线、10m的跳线和设备缆线及最多4个连接器件组成，永久链路则应由长度不大于90m的水平缆线及最多3个连接器件组成，如图1-40所示。

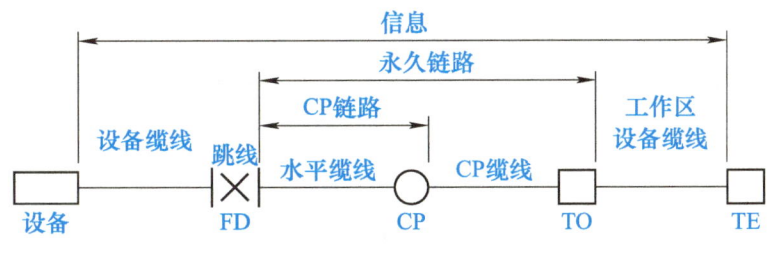

图1-40 布线信道组成

4）配线子系统信道（图1-41）的最大长度不应大于100m，长度应符合表1-6的规定。

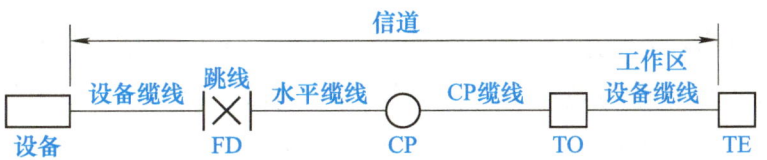

图1-41 配线子系统缆线划分

表1-6 配线子系统缆线长度

链接模型	最小长度/m	最大长度/m
FD-CP	15	85
CP-TO	5	—
FD-TO（无CP）	15	90
工作区设备缆线	2	5
跳线	2	—
FD设备缆线	2	5
设备缆线与跳线总长度	—	10

注：1. 此处没有设置跳线时，设备缆线的长度不应小于1m。
　　2. 此处不采用交叉连接时，设备缆线的长度不应小于1m。

5）配线子系统（水平）信道应由永久链路的水平缆线和设备缆线组成，可以包括跳线和CP缆线，如图1-42所示。

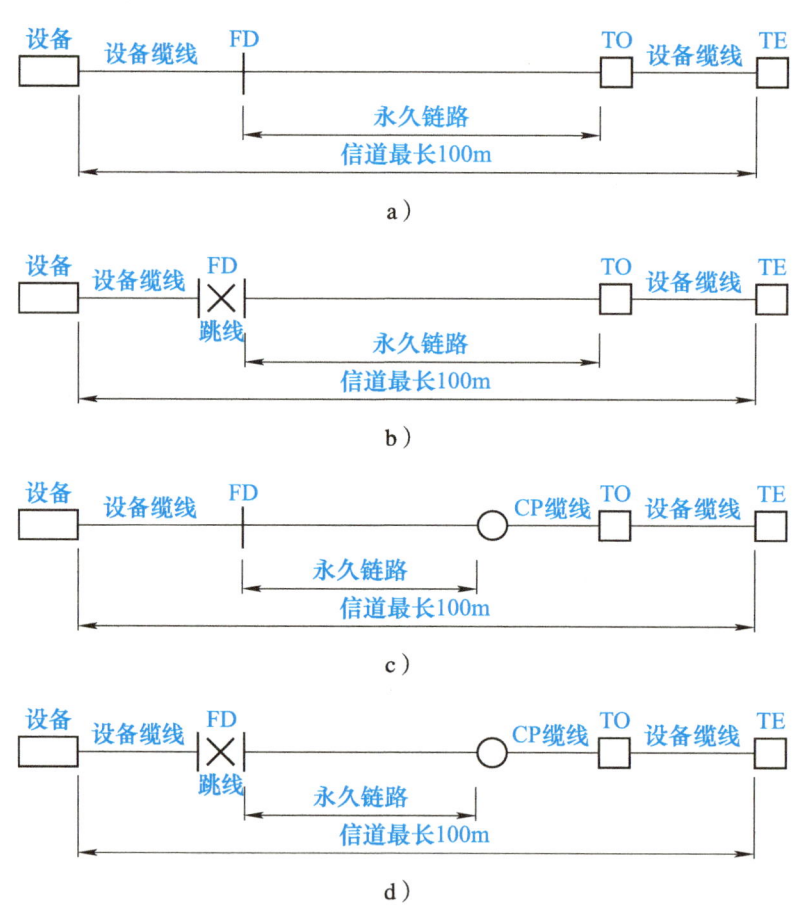

图1-42 配线子系统信道连接方式
a）方式1　b）方式2　c）方式3　d）方式4

按照项目需求分析，不需要布置CP集合点，因为房间内信息点数量较多，住宅信息箱中应布置配线设备（比如配线架）用以管理网络，因此采用图1-42中的方式1布线，根据国标内容可知，每一个布线路由总长度不能超过100m，永久链路长度最长不能超过90m，工作区设备缆线和FD设备缆线长度之和不能超过10m，因为没有设置跳线，所以设备缆线长度不小于1m，工作区设备缆线长度不小于2m。

6）综合布线系统管线敷设弯曲半径应符合表1-7的规定。

表1-7　管线敷设弯曲半径

缆线类型	弯曲半径
2芯或4芯水平光缆	>25mm
其他芯数和主干光缆	不小于光缆外径的10倍
4对屏蔽、非屏蔽电缆	不小于电缆外径的4倍
大对数主干电缆	不小于电缆外径的10倍
室外光缆、电缆	不小于缆线外径的10倍

注：当缆线采用电缆桥架布放时，桥架内侧的弯曲半径不应小于300mm。

7）缆线布放在导管与槽盒内的管径与截面利用率应符合下列规定：

① 管径利用率和截面利用率应按下列公式计算：

$$管径利用率 = d/D$$

式中　d——缆线外径；
　　　D——管道内径。

$$截面利用率 = A_1/A$$

式中　A_1——穿在管内的缆线总截面面积；
　　　A——管径的内截面面积。

② 弯导管的管径利用率应为40%～50%。
③ 导管内穿放大对数电缆或4芯以上光缆时，直线管路的管径利用率应为50%～60%。
④ 导管内穿放4对对绞电缆或4芯及以下光缆时，截面利用率应为25%～30%。
⑤ 槽盒内的截面利用率应为30%～50%。

按照国家标准计算得出各种规格的穿线管容纳双绞线最多条数见表1-8。

表1-8　穿线管容纳的双绞线最多条数

线管类型	线管规格/mm	容纳双绞线最多条数/条	截面利用率
金属、PVC	16	2	30%
金属、PVC	20	3	30%
金属、PVC	25	5	30%
金属、PVC	32	7	30%
PVC	40	11	30%
PVC、金属	50	15	30%
PVC、金属	63	23	30%
PVC	80	30	30%
PVC	100	40	30%

以住宅信息箱安装位置为起点，信息插座安装位置为终点，根据住宅综合布线教学模型房间布局、信息点点位和功能需求，完成住宅信息箱与各房间信息点之间的布线路由。布线路由设计必须符合GB 50311—2016《综合布线系统工程设计规范》，完成后如图1-43所示。

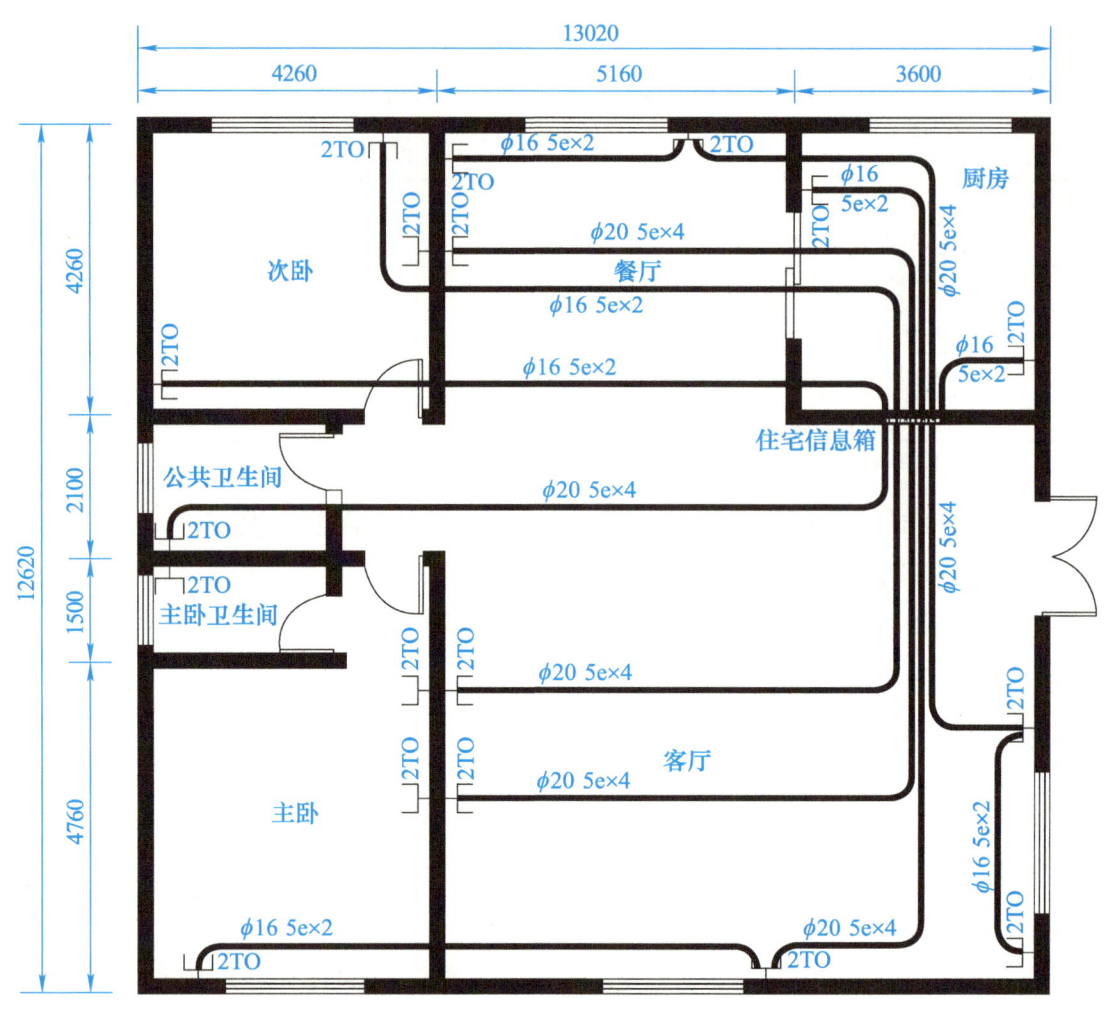

图1-43 布线路由设计

（6）添加说明　设计中的许多问题需要通过文字来说明，例如，在图中添加图例说明、信息点设计说明、施工要求等信息。

根据本工程需要，在综合布线施工图中添加的说明有如下三项：

1）信息点说明：

① 主卧6个信息点：书桌2个，电动窗帘2个，报警+监控2个。

② 主卧卫生间2个信息点：智能热水器等智能家居设备2个。

③ 次卧6个信息点：书桌2个，电动窗帘2个，报警+监控2个。

④ 公共卫生间2个信息点：智能热水器等智能家居设备2个。

⑤ 客厅10个信息点：电视2个，电动窗帘2+2个，报警+监控2个，智能家居设备2个。

⑥ 餐厅6个信息点：餐桌2个，电动窗帘2个，报警+监控2个。

⑦ 厨房4个信息点：电冰箱等智能家居设备2个，燃气探测器+报警器2个。

2）图例说明：

① ⊥：信息插座。

② 5e：超5类非屏蔽双绞线电缆。

③ ×2：2根电缆。

④ TO：数据信息点。

⑤ ×4：4根电缆。

3）布线施工要求：

① 穿线管全部采用镀锌钢管或PVC塑料管，暗埋敷设在地面楼板和墙体中。敷设时，穿线管连续，接头处牢固并做好防水处理，管口做好保护以防止杂物进入，穿线管的拐弯半径不小于120mm，在插座底盒或者住宅信息箱内预留管长为15mm且各管口高度一致。

② D16管穿Cat5e电缆1～2根，D20管穿Cat5e电缆2～4根，插座底盒内预留300mm，信息箱内预留700mm。

③ 插座底盒嵌入式安装在墙体内，不凸出墙面，横平竖直，固定牢固。距离地面高度如下：

  a）住宅信息箱为500mm。

  b）盥洗室电热水器处为2100mm。

  c）电动窗帘处为2000mm。

  d）报警与视频监控处为2200mm。

  e）其余为300mm。

其余施工要求按照GB 50311—2016《综合布线系统工程设计规范》、GB/T 50312—2016《综合布线系统工程验收规范》等相关国家标准的规定执行。

（7）设计标题栏　设计如图1-44右下角所示标题栏。住宅综合布线教学模型布线施工图最终效果图如图1-44所示。

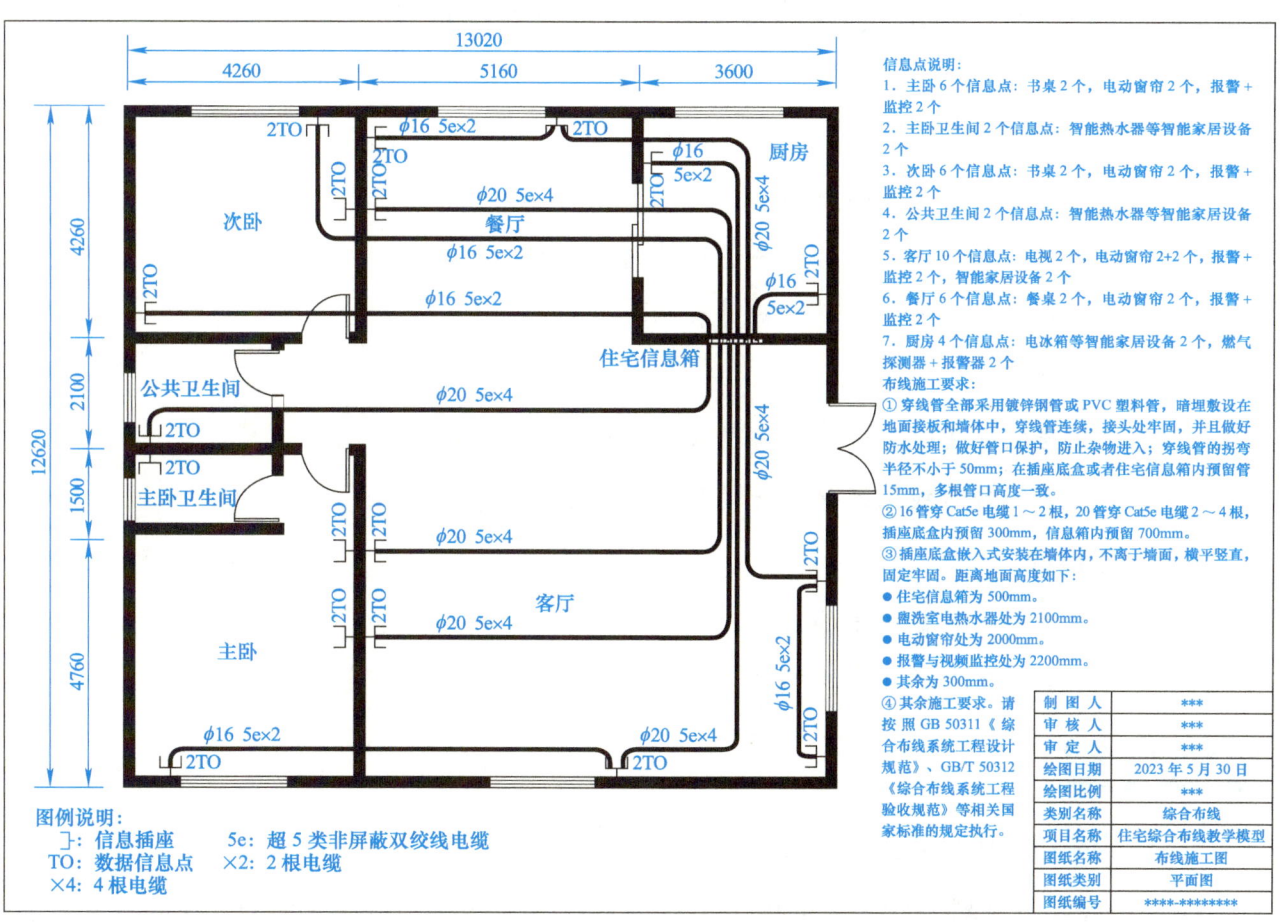

图1-44　住宅综合布线教学模型布线施工图最终效果图

（8）保存图形　在菜单栏中选择"文件"→"另存为"命令，将当前图形保存到新的位置，系统弹出"图形另存为"对话框。输入文件名"布线施工图"，单击"保存"按钮。

任务实施

根据住宅综合布线教学模型的需求和本任务学习的知识，完成住宅综合布线教学模型的综合布线施工图设计及绘制，样图如图1-44所示。

按照表1-9所示内容逐项审查自己的任务成果，要求每一项都能做到最好，完成任务实施后按照下表要求进行评分，并邀请同学和老师给自己的任务成果进行评分。

表1-9　住宅综合布线教学模型布线施工图任务评分表

评分人员	信息插座位置合理（30分）	布线路由设计合理（30分）	说明完整（10分）	图面布局合理（10分）	标题栏完整（10分）	按时完成（10分）	合计
自我评分							
同学评分							
教师评分							

学习任务6　住宅综合布线系统材料统计表

知识目标

- 了解综合布线系统材料统计表的应用。
- 明确综合布线系统材料统计表的编制要点。
- 了解综合布线系统材料统计表的编制过程。

能力目标

- 掌握综合布线系统材料统计表的识读能力。
- 掌握综合布线系统材料统计表的编制能力。

素质目标

- 培养学生精益求精的工匠精神。
- 培养学生的职业知识和技能。

知识准备

1. 综合布线系统材料统计表的应用

综合布线系统材料统计表主要用于工程项目材料采购和现场施工管理，实际上就是施工方内部使用的技术文件，必须详细清楚地写明全部主要材料、辅助材料和消耗材料等。

2. 综合布线系统材料统计表的编制要求

（1）**表格设计合理**　一般使用A4幅面竖向排版的文件，要求表格打印后，表格宽度和文字大小合理，编号清楚，特别是编号数字不能太大或者太小，一般使用小4号字或者5号字。

（2）**文件名称正确**　材料统计表一般按照项目名称命名，要在文件名称中直接体现项目名称和材料类别等信息，文件名称为"住宅综合布线教学模型材料统计表"。

（3）**材料名称和型号准确**　材料统计表主要用于材料采购和现场管理，因此材料名称和型号必须正确，并且使用规范的名词术语。例如，双绞线电缆不能只写网线，必须清楚标明是超5类电缆还是6类电缆，是屏蔽电缆还是非屏蔽电缆等。

（4）**材料规格齐全**　综合布线系统工程实际施工中，涉及缆线、配件、辅助材料、消耗材料等很多品种或者规格，材料统计表中的规格必须齐全。缺少一种材料不仅可能会影响施工进度，还会增加采购和运输成本。例如，信息插座面板有双口和单口的区别，有86型和120型的区别，不能只写信息插座面板多少个，必须写出双口面板多少个、单口面板多少个，是86型还是120型。

（5）**材料数量满足需要**　在综合布线系统工程实际施工中，现场管理和材料管理非常重要，管理水平低，材料浪费就多，管理水平高，材料浪费就比较少。例如，网络电缆每箱为305m，标准规定永久链路的最大长度不宜超过90m，而在实际布线施工中，多数信息点的永久链路长度为20~40m，往往将305m的网络电缆裁剪成20~40m使用，这样每箱都会产生剩余的短线，这就需要有人专门整理每箱剩余的短线，用在比较短的永久链路中。因此在布线材料数量方面必须结合管理水平的高低，规定合理的材料数量，考虑一定的余量，满足现场施工需要。同时还要特别注明每箱电缆的实际长度要求，不能只写多少箱，因为市场上有很多产品长度不够，标注的是305m，但实际长度往往不到300m，甚至只有260m，如果每件产品缺尺短寸，就会造成材料数量短缺。因此在编制材料统计表时，电缆和光缆的长度一般按照工程总用量的5%~8%增加余量。

（6）**考虑低值易耗品**　在综合布线系统施工和安装中，大量使用RJ-45模块、水晶头、安装螺钉、标签纸等小件材料，这些材料不仅容易丢失，而且管理成本也较高。因此对于这些低值易耗材料，适当增加数量，不需要每天清点数量，增加管理成本。一般按照工程总用量的10%增加。

（7）**签字和日期正确**　编制的材料统计表必须有签字和日期，这是工程技术文件不可或缺的。

3. 材料统计表的编制过程

（1）**文件命名和表头设计**　创建一个Excel表格，填写基本信息和表格类别，同时给文件命名。基本信息填写在表格上面，将第一行的7列单元格合并，输入内容"住宅综合布线教学模型布线系统材料统计表"，表格类别放在第二行，内容为"序号""材料名称""型号或规格""数量""单位""品牌""说明"，文件名称为"住宅综合布线教学模型布线系统材料统计表"。

（2）填写"序号"栏　序号直接反映该项目材料品种的数量。一般自动生成，使用"1""2"等阿拉伯数字，不要使用大写数字"一""二"等。

（3）填写"材料名称"栏　材料名称必须正确，并且使用规范的名词术语，例如"双绞线电缆"不能只写"电缆"或者"缆线"等，因为在工程项目中还会用到220V交流电缆，容易混淆，"缆线"的概念是光缆和电缆的统称，也不准确。

（4）填写"型号或规格"栏　名称相同的材料，往往有多种型号或者规格，就双绞线电缆而言，就有5类、超5类和6类，屏蔽和非屏蔽等多个规格。

（5）填写"数量"栏　材料数量中，必须包括双绞线电缆、网络模块等余量，对有独立包装的材料，一般按照最小包装数量填写，数量必须为整数。例如，双绞线电缆，每箱为305m，就填写"10"，而不能写"9.5"。对规格比较多、不影响现场使用的材料，可以写成总数量要求，例如，PVC线管，市场销售的长度规格有4m、3.8m、3.6m等，就可以写成"200"，能够满足总数量要求就可以了。

（6）填写"单位"栏　材料单位一般有"箱""个""件"等，必须准确，不能没有材料单位，例如，PVC线管如果只有数量"200"，没有单位时，采购人员就不知道是200m，还是200根。

（7）填写"品牌"栏　同一种型号和规格的材料，不同的品牌产品制造工艺往往不同，质量也不同，价格差别也很大，因此必须根据工程需求，在材料统计表中明确填写品牌。确定了品牌基本上就能确定该材料的价格，这样采购人员就能按照材料统计表的要求准确地供应材料，保证工程项目质量和施工进度。

（8）填写"说明"栏　"说明"栏主要是把容易混淆的内容说明清楚，例如，双绞线电缆说明"305米/箱"。

（9）填写编制人和单位等信息　在材料统计表的下面必须填写编制人、审核人、审定人、编制单位、编制时间等信息。

整体的材料统计表效果如图1-45所示。

	A	B	C	D	E	F	G
1	住宅综合布线教学模型布线系统材料统计表						
2	序号	材料名称	型号或规格	数量	单位	品牌	说明
3	1	双绞线电缆	CAT 5e 非屏蔽双绞线	10	箱		305米/箱
4	2	信息插座底盒	86型，暗埋	25	个		实用22个，余量3个
5	3	双口信息插座面板	86型，双口面板	25	个		带安装螺钉2个，实用22个，余量3个
6	4	网络模块	超5类非屏蔽数据模块	50	个		实用44个，余量6个
7	5	PVC线管	国标20，阻燃硬质	90	米		
8	6	PVC线管	国标16，阻燃硬质	60	米		
9	7	PVC线管接头	国标20，阻燃硬质	40	个		
10	8	PVC线管接头	国标16，阻燃硬质	30	个		
11	9	标签纸	线标纸	3	张		用于线缆标识
12	编制人签字：			审核人签字：			审定人签字：
13	编制单位：			编制时间：			

图1-45　住宅综合布线教学模型布线系统材料统计表

任务实施

根据住宅综合布线教学模型的需求和本任务学习的知识，完成住宅综合布线教学模型的布线系统材料统计表的编制任务，样表如图1-45所示。

按照表1-10所示内容逐项审查自己的任务成果，要求每一项都能做到最好，完成任务实施后按照下表要求进行评分，并邀请同学和老师给自己的任务成果进行评分。

表1-10 住宅综合布线教学模型材料统计表任务评分表

评分人员	表格设计合理（20分）	材料名称、型号准确（20分）	材料规格齐全（15分）	材料数量正确（15分）	易耗品齐全（10分）	签字日期正确（10分）	按时完成（10分）	合计
自我评分								
同学评分								
教师评分								

习 题

一、填空题

1. 布线的定义是_____。

2. 在系统构成中，综合布线系统定义为"_____，应能支持语音、数据、图像、多媒体等业务信息传递的应用。"

3. 综合布线系统已经成为智能建筑的主要信息传输系统，也是智能建筑的重要基础设施，它能使_____、_____、_____、_____、_____和其他信息管理系统彼此相连接。

4. 综合布线系统工程中信息点数量统计表也称为_____，它是设计和统计综合布线系统工程信息点数量的基本工具和手段。

5. _____直观反映了信息点的连接关系，直接决定了系统网络应用拓扑图。

6. 综合布线系统的基本构成应包括_____、_____和_____。配线子系统中可以设置集合点（CP），也可不设置集合点。

7. 一个独立的需要设置终端设备（TE）的区域宜划分为一个_____。工作区应包括_____（TO）、_____及适配器。

8. 配线子系统应由工作区内的_____、_____至_____的水平缆线、电信间的配线设备及设备缆线和跳线等组成。

9. 端口对应表主要规定_____、_____、_____、_____、_____等，用于系统管理、施工和后续日常维护。

10. 布线施工图中明确标注出施工过程中需要注意的要求和标准，例如，_____、_____、_____、_____、_____等以及其他要注意或遵守的标准等信息，能够明确指导现场施工。

11. 暗装或明装在墙体或柱子上的信息插座盒底距地高度宜为_____mm，安装在工作台侧隔板面及临近墙面上的信息插座盒底距地宜为_____m，信息插座模块宜采用_____。

12. 主干缆线组成的信道出现_____个连接器件时，缆线的长度不应小于_____。布线系统信道应由长度不大于_____的水平缆线、_____的跳线和设备缆线及最多_____个连接器件组成，永久链路则应由长度不大于_____的水平缆线及最多_____个连接器件组成。

13. 线管内敷设4对双绞线缆线时管线敷设弯曲半径不小于_____。

14. 导管内穿放4对对绞电缆或4芯及以下光缆时，截面利用率应为_____。

15. _____频繁和大量使用于专业技术文件、工程文件、图样、设备标签中。

16. _____、_____及_____的部件应完整，电气和机械性能等指标应符合相应产品的质量标准。塑料材质应具有阻燃性能，并应满足设计要求。

二、名词解释

1. 布线：_____
2. 建筑群子系统：_____
3. 工作区：_____
4. 信道：_____
5. 永久链路：_____
6. 连接器件：_____
7. 水平缆线：_____
8. 跳线：_____

三、缩略词的中文名字

1. BD：_____
2. CD：_____
3. CP：_____
4. FD：_____
5. ACR：_____
6. dB：_____
7. IP：_____
8. RL：_____
9. SC：_____
10. TE：_____

四、多选题

1. 器材检验应符合的规定有（　　　）。

    A. 工程所用缆线和器材的品牌、型号、规格、数量、质量应在施工前进行检查，应符合设计文件要求，并应具备相应的质量文件或证书，无出厂检验证明材料、质量文件或与设计不符者不得在工程中使用

    B. 进口设备和材料应具有产地证明和商检证明

    C. 经检验的器材应做好记录，对不合格的器件应单独存放，以备核查与处理

    D. 工程中使用的缆线、器材应与订货合同或封存的产品样品在规格、型号、等级上相符

    E. 备品、备件及各类文件资料应齐全

2. 型材、管材与铁件的检查应符合的规定有（　　　）。

    A. 地下通信管道和人（手）孔所使用器材的检查及室外管道的检验，应符合现行国家标准GB/T 50374—2018《通信管道工程施工及验收标准》的有关规定

    B. 各种型材的材质、规格、型号应符合设计文件的要求，表面应光滑、平整，不得变形、断裂

    C. 金属导管、桥架及过线盒、接线盒等表面涂覆或镀层应均匀、完整，不得变形、损坏

    D. 室内管材采用金属导管或塑料导管时，其管身应光滑、无伤痕，管孔无变形，孔径、壁厚应符合设计文件要求

    E. 金属管槽应根据工程环境要求做镀锌或其他防腐处理。塑料管槽应采用阻燃型管槽，外壁应具有阻燃标记

    F. 各种金属件的材质、规格均应符合质量要求，不得有歪斜、扭曲、飞刺、断裂或破损

    G. 金属件的表面处理和镀层应均匀、完整，表面光洁，无脱落、气泡等缺陷

3. 缆线的检验应符合的规定有（　　　）。

    A. 工程使用的电缆和光缆的型式、规格及缆线的阻燃等级应符合设计文件要求

    B. 缆线的出厂质量检验报告、合格证、出厂测试记录等各种随盘资料应齐全，所附标志、标签内容应齐全、清晰，外包装应注明型号和规格

    C. 电缆外包装和外护套需完整无损，当该盘、箱外包装损坏严重时，应按电缆产品要求进行检验，测试合格后再在工程中使用

    D. 电缆应附有本批量的电气性能检验报告，施工前对盘、箱的电缆长度、指标参数应按电缆产品标准进行抽验，提供的设备电缆及跳线也应抽验，并做测试记录

单元2
工作区子系统施工

单元概述

本单元主要学习工作区子系统,作为布线系统与终端设备连接的独立区域,按照国标GB 50311—2016《综合布线系统工程设计规范》的规定:工作区应包括信息插座模块(TO)、终端设备处的连接缆线及适配器。而设备缆线也就是网络跳线,因此工作区子系统学习也分为两个部分——网络跳线端接和网络信息插座安装,本单元将分别学习这两个部分的知识和技能。

经过上个单元的学习,已经完成住宅综合布线系统工程设计工作,绘制了住宅综合布线系统的施工图,了解了信息点安装位置,如图2-1所示,本单元完成住宅综合布线系统的工作区子系统的施工。

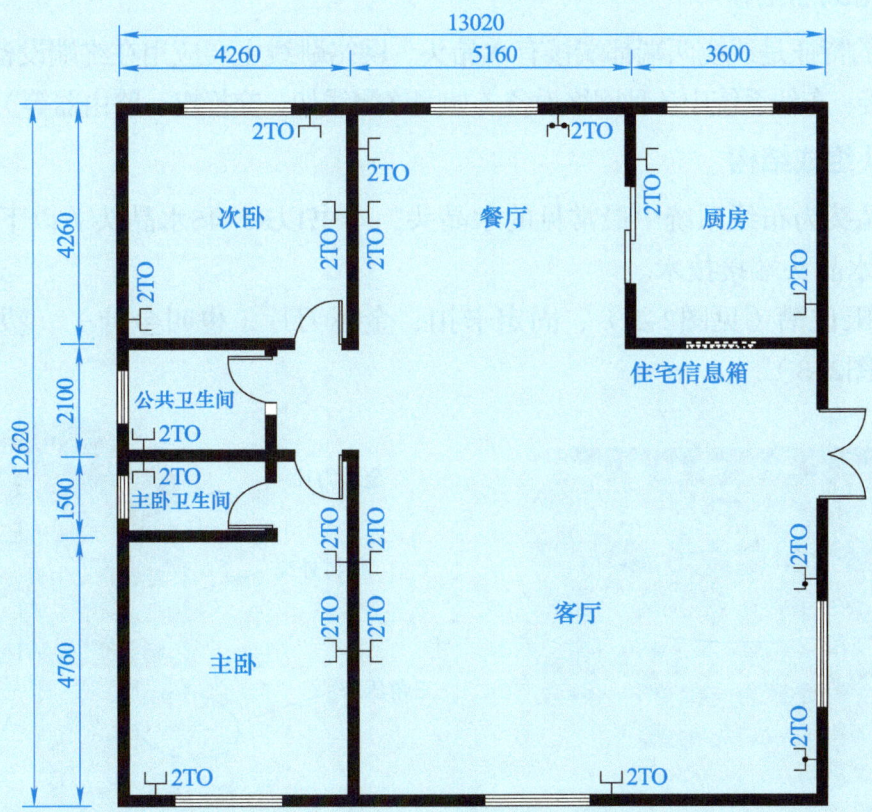

图2-1 信息点安装位置

学习任务1　网络跳线端接

知识目标

- 了解网络跳线端接线序。
- 明确网络跳线端接的技术要求。
- 了解网络跳线的端接过程。
- 了解工具的使用方法。

能力目标

- 能够正确使用工具进行网络跳线端接。
- 掌握直通型网络跳线端接技术。
- 掌握交叉型网络跳线端接技术。
- 会使用测线仪测试连通性。

素质目标

- 培养学生的职业能力。
- 培养学生精益求精的工作态度。

知识准备

1. 网络跳线的应用

网络跳线的特征是线缆两端都端接有水晶头。网络跳线主要应用在终端设备与工作区信息插座模块的连接、布线系统中各种网络设备（如网络配线架、交换机、路由器等）之间的连接。

2. 水晶头组成结构

RJ-45水晶头为布线系统中最常见的水晶头，本书以RJ-45水晶头（以下简称水晶头）端接为例学习水晶头端接技术。

水晶头由限位槽（见图2-2）、固定卡扣、金属刀片（也叫金针）、塑料外壳、三角压块组成（见图2-3）。

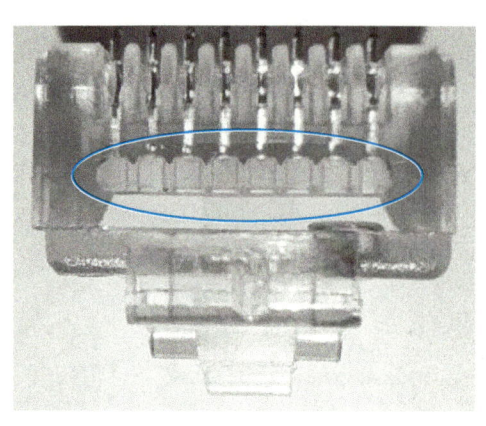

图2-2　水晶头限位槽

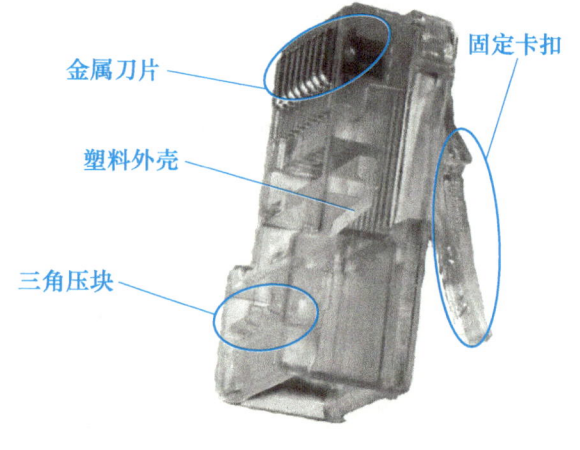

图2-3　水晶头结构

1）限位槽：用于规范线芯排列，在端接水晶头的过程中，将排列好线序的8根线芯插入水晶头，就是将线芯插入限位槽，使线芯排列整齐，压接水晶头的时候金属刀片刚好能插入对应的线芯中。水晶头限位槽处于同一水平面，6类水晶头限位槽分为上下两排。

2）金属刀片：刀片由铜或其他导电性能良好的金属制成，刀片前端为三叉结构。工作环境温度为-40~85℃。

3）固定卡扣：在水晶头背部有一个手柄状的塑料卡扣。在水晶头插入网络接口时，卡扣与网络接口内相应接口卡接，使水晶头位置固定在接口中，拔出水晶头时只需要将卡扣的手柄下压即可。

4）三角压块：在水晶头尾部有一个三角形的压块。在水晶头压接时，三角压块在机械应力的作用下向下旋转并压牢缆线的外绝缘层，固定线芯，使端接更加牢固可靠。

5）塑料外壳：水晶头接口为RJ-45型，插头体采用环保透明塑料一次注塑成型。5e类和5类水晶头结构的最大区别是5e类水晶头的刀片采用三叉结构，刀片有3个针刺触点，接触面积更大，电气连接更可靠，满足高速传输需求。

3．水晶头端接原理

利用压线钳的机械压力使水晶头中的刀片首先压破线芯绝缘层，然后压入铜线芯中，实现刀片与线芯的电气连接。每个水晶头头中都有8个刀片，每个刀片与1个线芯连接，注意观察压接后8个刀片比压接前低，如图2-4和图2-5所示。

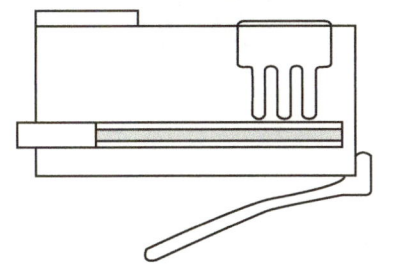

图2-4　RJ-45水晶头刀片压线前位置图　　图2-5　RJ-45水晶头刀片压线后位置图

4．网络跳线的端接线序

在网络跳线的制作中有两种标准线序，分别称为T568A线序与T568B线序。一条线的两端分别使用不同的标准还可以组成直通型网络跳线、交叉型网络跳线、控制线等。T568A、T568B标准中5、6类非屏蔽双绞线的引脚颜色见表2-1。

表2-1　5、6类非屏蔽双绞线的引脚颜色表

引脚号	1	2	3	4	5	6	7	8
T568A	白绿	绿	白橙	蓝	白蓝	橙	白棕	棕
T568B	白橙	橙	白绿	蓝	白蓝	绿	白棕	棕

直通型网络跳线通常在不同的设备连接中使用，如要制作路由器和交换机之间的跳线，双绞线两端应使用同一标准的线序（AA或者BB）。

交叉型网络跳线通常使用于两种相同制式的设备连接，如要制作计算机与计算机之间

的连接线，双绞线两端各使用一种标准的线序（AB或者BA）。

目前很多网络设备已经可以自适应直通型网络跳线和交叉型网络跳线，但是在制作的过程中还是要尽量选择一致的制作标准。

5. 网络跳线端接所需材料和工具

网络跳线端接所需材料：水晶头（见图2-6）、5e类非屏蔽双绞线（见图2-7）。

网络跳线端接所需工具：网络测线仪，简称测线仪（见图2-8）；网络压线钳，简称网线钳（见图2-9）。

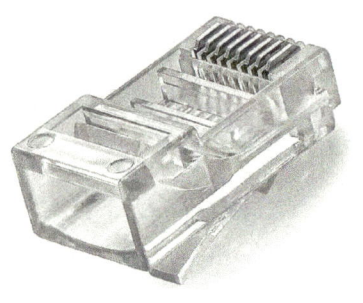
图2-6 水晶头

图2-7 5e类非屏蔽双绞线

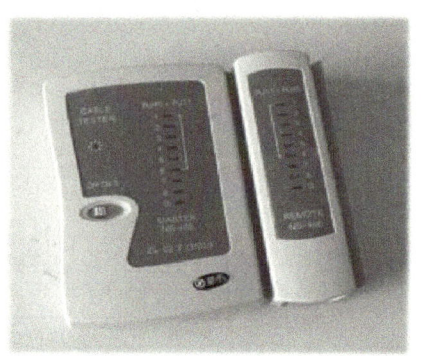
图2-8 测线仪

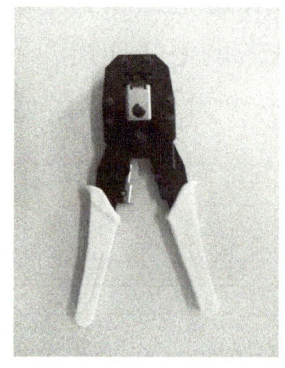
图2-9 网线钳

材料和工具功能如下。

1）双绞线：GB 50311—2016《综合布线系统工程设计规范》给出了双绞线电缆的命名方式，这个命名方式来自于国际标准，因此在全世界都是统一的。双绞线电缆的命名方式一般参照国际标准ISO/IEC 11801：2010《信息技术—用户基础设施结构化布线》相关规定，如图2-10所示。

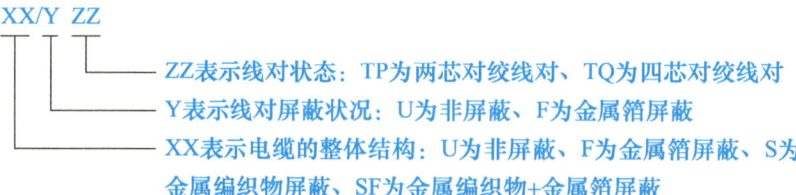
图2-10 双绞线电缆命名方式

按照该规定，常用的双绞线电缆型号可以分为以下8种。

①U/UTP：表示非屏蔽外护套结构，非屏蔽的两芯对绞线对电缆，简称非屏蔽电缆。

② F/UTP：表示金属箔屏蔽外护套结构，非屏蔽的两芯对绞线对电缆，简称屏蔽电缆，该电缆外护套有金属箔屏蔽层。

③ U/FTP：表示非屏蔽外护套结构，金属箔屏蔽的两芯对绞线对电缆，简称屏蔽电缆，该电缆线对有金属箔屏蔽层。

④ SF/UTP：表示金属编织物+金属箔屏蔽外护套结构，非屏蔽的两芯对绞线对电缆，简称双屏蔽电缆，该电缆外护套有一层金属编织物屏蔽层和一层金属箔屏蔽层。

⑤ S/FTP：表示金属编织物屏蔽外护套结构，金属箔屏蔽的两芯对绞线对电缆，简称双屏蔽电缆，该电缆外护套有金属编织物屏蔽层，线对有金属箔屏蔽层。

⑥ U/UTQ：表示非屏蔽外护套结构，非屏蔽的四芯对绞线对电缆，简称非屏蔽电缆，该电缆为四芯对绞电缆。

⑦ U/FTQ：表示非屏蔽外护套结构，金属箔屏蔽的四芯对绞线对电缆，简称屏蔽电缆，该电缆线对有金属箔屏蔽层。

⑧ S/FTQ：表示金属编织物屏蔽外护套结构，金属箔屏蔽的四芯对绞线对电缆，简称双屏蔽电缆，该电缆外护套有金属编织物屏蔽层，线对有金属箔屏蔽层。

目前，非屏蔽双绞线电缆的市场占有率高达90%以上，主要用于建筑物楼层管理间到工作区信息插座等配线子系统部分的布线，也是综合布线系统工程中施工最复杂、材料用量最大、质量最重要的部分。

常用的非屏蔽双绞线电缆种类为U/UTP，非屏蔽外护套结构，非屏蔽的两芯对绞线对电缆，简称非屏蔽电缆。非屏蔽双绞线电缆的色谱由1个主色（白色）和4个副色（蓝、橙、绿、棕）组成，具体色谱为白橙、橙、白蓝、蓝、白绿、绿、白棕、棕。线芯以及绞对结构图如图2-11所示。

2）网线钳：网线钳主要用于压接RJ-45水晶头，同时具备剥线和剪线功能，压线钳的8个卡齿自动对接水晶头的8个刀片，刀口平整，一次整齐压接到位。网线钳的几个主要结构如图2-12所示。有些多功能网线钳还有压接RJ-11水晶头等功能，同时在刀片外面安装有安全挡板，防止刀片割伤手指。

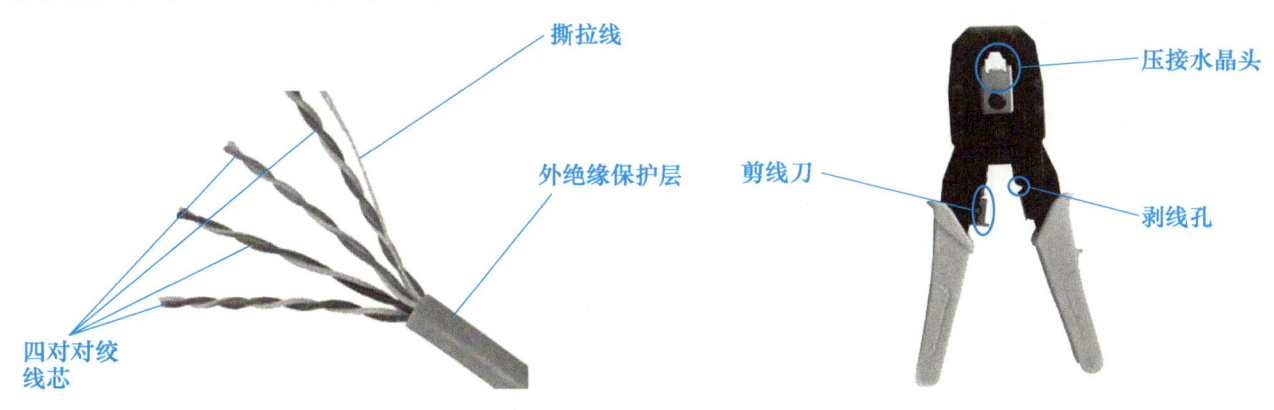

图2-11 非屏蔽双绞线结构　　　　　图2-12 网线钳结构

3）测线仪：测线仪常用于网络管理中进行简单的网络通断测试，将端接好的网络天线两端接入测试口，打开电源，指示灯按照顺序亮起，可根据亮灯与否和亮灯顺序判断跳线两端的电气连通与否和端接线序是否存在问题。

任务实施

1. 直通型网络跳线端接

完成5根直通型网络跳线制作，按照T568B线序，长度300mm双绞线跳线，要求：双绞线长度误差控制在±5mm以内；水晶头端接线序正确；线芯插接到水晶头限位槽底部；剪掉牵引线，且能通过连通性测试。

6-网络跳线端接

（1）材料和工具准备　根据任务要求计算好完成任务所需材料种类和数量，根据所学理论知识填写直通型网络跳线端接材料统计表（见表2-2）和直通型网络跳线端接工具清单（见表2-3），并交由老师确认后从老师处领取任务所需材料和工具。

表2-2　直通型网络跳线端接材料统计表

序号	名称	规格	数量	实物图
1				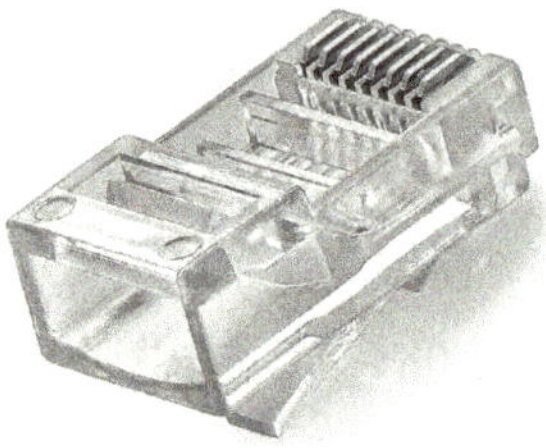
2				

表2-3　直通型网络跳线端接工具清单

序号	名称	用途	数量	实物图
1				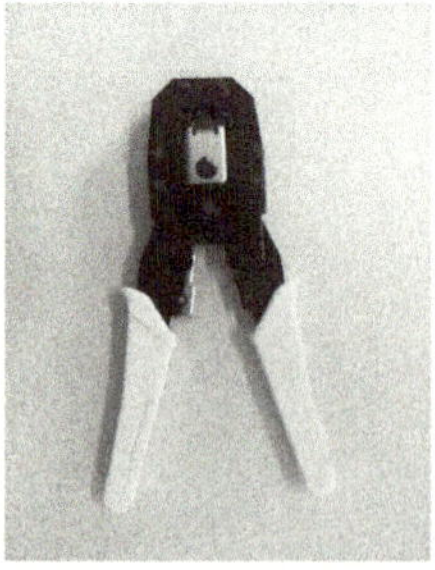
2				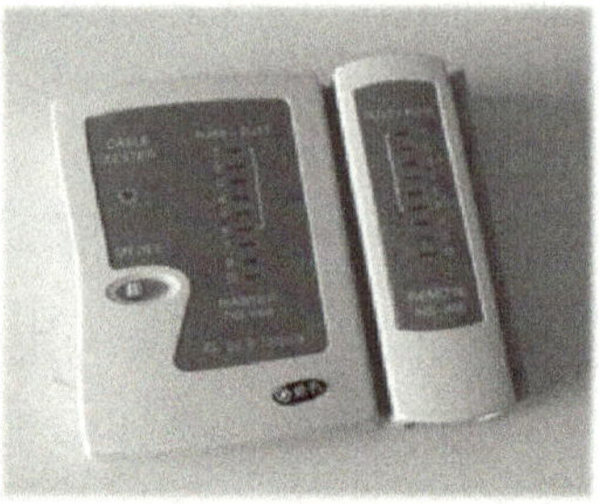

（2）材料和工具入场检验　按照GB/T 50312—2016《综合布线系统工程验收规范》要求，在施工前进行器材的检查并做好记录。直通型网络跳线端接所需器材和工具的检查方法如下。

1）水晶头：水晶头作为综合布线常用连接器材，在施工前应先检查水晶头外包装上的品牌、型号、规格、数量是否与设计文件要求相符，并通过外观检查，查看水晶头各部件是否完整。

2）5e类非屏蔽双绞线：5e类非屏蔽双绞线作为综合布线使用最为广泛的缆线，在施工前应先检查其外包装上的品牌、型号、规格是否与设计文件要求相符；检查缆线的出厂质量检验报告、合格证、出厂测试记录是否齐全；查看外包装上的电气性能参数是否符合工程要求；查看所附标志、标签内容是否齐全、清晰；查看外包装是否注明型号和规格。

3）网线钳：检查网线钳的品牌、型号、规格、数量是否符合设计文件要求，观察网线钳外观是否完整无破损。可以取用一颗水晶头进行压接测试，通过观察压接后的水晶头金属刀片以及三角压块是否压接到位，是否存在结构被破坏现象判断网线钳质量。

4）测线仪：检查测线仪外观是否完好、无损坏痕迹；打开电源开关，观察电源指示灯是否正常闪烁；查看测线仪的质量合格证书等证明文件。

根据以上检查方法，完成对器材和工具的检查并填写直通型网络跳线端接材料及工具入场检查记录表（见表2-4）。

表2-4　直通型网络跳线端接材料及工具入场检查记录表

序号	材料或工具名称	检查方法	检查项目	检查结果
例	水晶头	外观检查	检查水晶头外包装上的品牌、型号、规格、数量是否与设计文件要求相符，并通过外观检查查看水晶头各部件是否完整	通过检查
1				
2				
3				
4				

检查人员签字：　　　　　　　　　　　　　　检查日期：

（3）直通型网络跳线端接　材料和工具准备齐全，检查无误之后，按照任务实施要求完成任务，网络跳线端接过程如下。

1）剥开5e类非屏蔽双绞线外绝缘层：用压线钳的刀口剪出一根长度合适的5e类非屏蔽双绞线。套上线标、护套，把双绞线的一端剪齐，然后把剪齐的一端插入网线钳用于剥线的缺口中，注意：网线不能弯曲，直插进去，握紧压线钳慢慢旋转一圈（无须担心会损坏网线里面线芯的绝缘层，因为剥线的两刀片之间留有一定距离，这距离通常就是里面4对线芯的直径），让刀口划开双绞线的外绝缘层，从头部开始将外绝缘层去掉2~3cm，剥除外绝缘层，如图2-13所示。双绞线的另一端同样处理。

2）理线、排序：剥除外绝缘层后即可见到双绞线的4对8条线芯，并且可以看到每对的颜色都不同。每对缠绕的两根线芯由一种染有相应颜色的线芯加上一条只染有少许相应颜色的白色相间线芯组成，拆开4对线芯，将8根导线理直，然后按白橙、橙、白绿、蓝、白蓝、绿、白棕、棕的线序排列，如图2-14所示。

3）接头切齐：将5e类非屏蔽双绞线的RJ-45接头点处用网线钳剪齐，并且使裸露部分保持在13mm左右，如图2-15所示。

4）插入水晶头：将切齐的双绞线插入RJ-45水晶头，以从端面能看到金属刀片的反光为准。注意的是要将水晶头有金属刀片的一面对着自己，从水晶头尾部插入。插入时需要注意缓缓地用力把8根导线同时插入RJ-45水晶头内的8个限位槽中，一直插到水晶头底部，如图2-16所示。

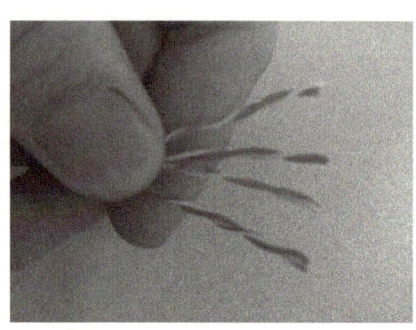

图2-13 剥除外绝缘层

图2-14 理直并排序

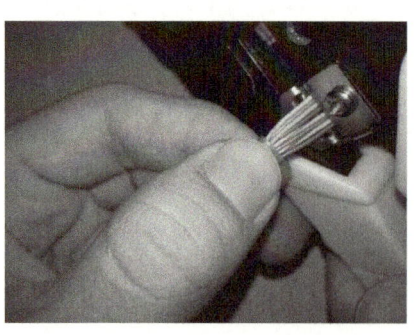

图2-15 接头切齐

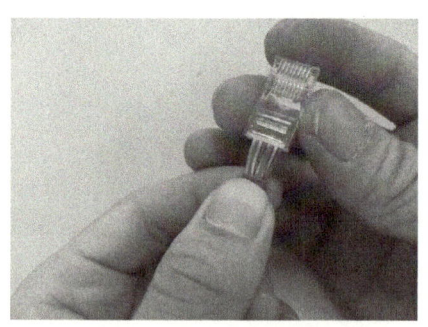

图2-16 插入水晶头

5）压接：确认所有线芯都插到水晶头底部后，将水晶头直接放入网线钳压线口中，最后用网线钳压实，并确保双绞线的外护套也一并进入水晶头，如图2-17所示，用力压线时会听到清脆的响声。

至此，这个RJ-45水晶头就压接好了，按照相同的方法制作双绞线的另一端水晶头，要注意的是线芯排列顺序一定要与另一端的顺序完全一样（两端采用同一种线序），这样整条直通型网络跳线的制作就算完成了。

（4）直通型网络跳线测试 将已经制作好的跳线两端的RJ-45水晶头分别插入测线仪对应的插口中，如图2-18所示，观察测线仪指示灯闪烁顺序。如果端接正确，则每芯线对应的左右2个指示灯按照12345678顺序同时反复闪烁。如果端接不正确，指示灯闪烁将会出现异常情况，具体发生哪些错误可以通过指示灯闪烁情况来判断，并选择对应方法解决，详见表2-5。

图2-17 压接水晶头

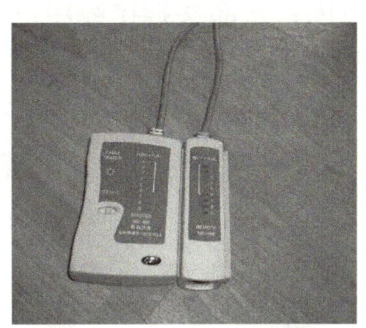

图2-18 测线仪测试

表2-5 连通性测试可能存在的问题与解决方案

问题表现	问题原因	解决方案
指示灯闪烁顺序混乱	两端水晶头线序错乱	查看两端水晶头线序，寻找错误的一端，剪除错误的一端并重新端接，如果两端均有错误则两端重做
有个别指示灯不亮	水晶头对应序号的线芯插接不到位，未能形成有效电气连接	查看水晶头插接位置的线芯是否插接到水晶头底部，将错误的一端剪除重做，如果两端均有错误，则两端均需要剪除重做
指示灯全部不亮	水晶头未压接	找到没有压接的水晶头，并重新压接
	8根线芯都没有插入水晶头底部	剪除错误水晶头并重新端接
有多个指示灯同时亮起	对应线芯出现连通现象	剪除水晶头重做

（5）直通型网络跳线检验验收 直通型网络跳线的验收需要进行连通性测试、查验线序、查验线芯插接位置、查验裸露线芯长度4个方面的验收，具体方法如下。

1）连通性测试：打开测线仪电源开关，将已制作完成的网络跳线插接在测线仪上，每芯线对应的左右2个指示灯按照12345678顺序同时反复闪烁。

2）查验线序：观察水晶头端接线序，确认水晶头端接线序无误，线芯排列整齐有序。

3）查验线芯插接位置：观察水晶头限位槽位置，确认水晶头内双绞线线芯全部插接至底部。

4）查验裸露线芯长度：按照国标规定，线芯裸露长度小于13mm，按照国标规定长度计算，外绝缘层必须深入水晶头内部，并在压接水晶头时被三角压块压住。

按照表2-6所示内容逐项审查自己的任务成果，要求每一项都能做到最好，完成任务实施后按照下表要求进行评分，并邀请同学和老师给自己的任务成果进行评分。

表2-6 直通型网络跳线端接任务评分表

评分人员	连通性测试（25分）	查验线序（25分）	查验线芯插接位置（25分）	查验裸露线芯长度（25分）	合计
自我评分					
同学评分					
教师评分					

2. 交叉型网络跳线端接

完成5根交叉型网络跳线制作，长度300mm双绞线跳线，要求：双绞线长度误差控制在±5mm以内；水晶头端接线序正确；线芯插接到水晶头限位槽底部；剪掉牵引线，且能通过连通性测试。

（1）材料和工具准备　根据任务要求计算好完成任务所需材料种类和数量，根据所学理论知识填写交叉型网络跳线端接材料统计表（见表2-7）及交叉型网络跳线端接工具清单（见表2-8），并交由老师确认后从老师处领取所需任务材料和工具。

表2-7 交叉型网络跳线端接材料统计表

序号	名称	规格	数量	实物图
1				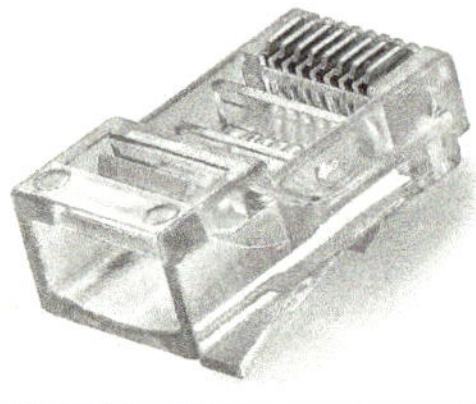
2				

表2-8 交叉型网络跳线端接工具清单

序号	名称	用途	数量	实物图
1				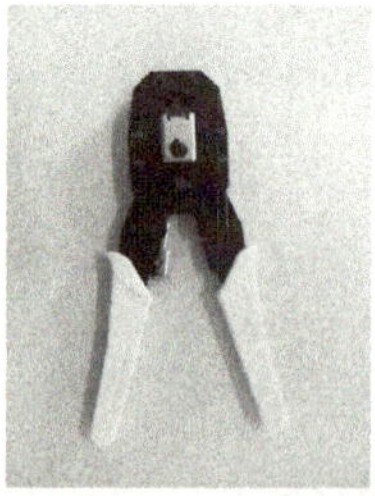
2				

（2）材料和工具入场检验　按照GB/T 50312—2016《综合布线系统工程验收规范》要求，在施工前进行器材的检查并做好记录。交叉型网络跳线端接所需器材和工具的检查方法如下。

1）水晶头：水晶头作为综合布线常用连接器材，在施工前应先检查水晶头外包装上的品牌、型号、规格、数量是否与设计文件要求相符，并通过外观检查查看水晶头各部件是否完整。

2）5e类非屏蔽双绞线：5e类非屏蔽双绞线作为综合布线使用最为广泛的缆线，在施工前应先检查其外包装上的品牌、型号、规格是否与设计文件要求相符；检查缆线的出厂质量检验报告、合格证、出厂测试记录是否齐全；查看外包装上的电气性能参数是否符合工程要求；查看所附标志、标签内容是否齐全、清晰；查看外包装是否注明型号和规格。

3）网线钳：检查网线钳的品牌、型号、规格、数量是否符合设计文件要求，观察网线钳外观是否完整无破损。可以取用一颗水晶头进行压接测试，通过观察压接后的水晶头金属刀片以及三角压块是否压接到位，是否存在结构被破坏现象判断网线钳的质量。

4）测线仪：检查测线仪外观是否完好、无损坏痕迹；打开电源开关，观察电源指示灯是否正常闪烁；查看测线仪的质量合格证书等证明文件。

根据以上检查方法，完成对器材和工具的检查并填写交叉型网络跳线端接材料及工具检查记录表（见表2-9）。

表2-9　交叉型网络跳线端接材料及工具检查记录表

序号	材料或工具名称	检查方法	检查项目	检查结果
1				
2				
3				
4				

检查人员签字：　　　　　　　　　　　检查日期：

（3）交叉型网络跳线端接　材料和工具准备齐全，检查无误之后，按照任务实施要求完成任务，网络跳线端接过程如下。

1）剥开5e类非屏蔽双绞线外绝缘层：用压线钳的刀口剪出一根长度合适的5e类非屏蔽双绞线。套上线标、护套，把双绞线的一端剪齐，然后把剪齐的一端插入网线钳用于剥线的缺口中，注意：网线不能弯曲，直插进去，握紧压线钳慢慢旋转一圈（无须担心会损坏网线里面线芯的绝缘层，因为剥线的两刀片之间留有一定距离，这距离通常就是里面4对线芯的直径），让刀口划开双绞线的外绝缘层，从头部开始将外绝缘层去掉2~3cm，剥除外绝缘层，如图2-13所示。双绞线的另一端做同样处理。

2）理线、排序：剥除外绝缘层后即可见到双绞线的4对8条线芯，并且可以看到每对的颜色都不同。每对缠绕的两根线芯是一种染有相应颜色的线芯加上一条只染有少许相应颜色的白色相间线芯组成，拆开4对线芯，将8根导线理直，一端按照T568B线序白橙、橙、白绿、蓝、白蓝、绿、白棕、棕的线序排列，另一端按照T568A线序白绿、绿、白橙、蓝、白蓝、橙、白棕、棕的线序排列，如图2-19所示。

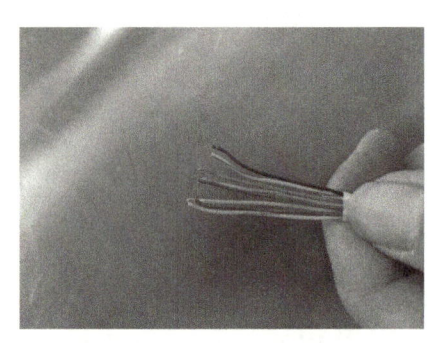

图2-19　T568A线序

3）接头切齐：将5e类非屏蔽双绞线的RJ-45接头点处用网线钳剪齐，并且使裸露部分保持在13mm左右，如图2-15所示。

4）插入RJ-45水晶头：将切齐的双绞线插入RJ-45水晶头，以从端面能看到金属刀片的反光为准；注意的是要将水晶头有金属刀片的一面对着自己，从水晶头尾部插入。插入时需要注意缓缓地用力把8根导线同时插入RJ-45水晶头内的8个限位槽中，一直插到水晶头底部，如图2-16所示。

5）压接：确认所有线芯都插到水晶头底部后，将水晶头直接放入网线钳压线口中，最后用网线钳压实，并确保双绞线的外护套也一并进入水晶头，如图2-17所示，用力压线时会听到清脆的响声。

至此，这个RJ-45水晶头就压接好了，按照相同的方法制作双绞线的另一端水晶头，要注意的是芯线排列顺序一定要采用与另一端不一样的线序（一条双绞线两端，一端用T568A线序，另一端用T568B线序），这样整条交叉型网络跳线的制作就算完成了。

（4）交叉型网络跳线测试　将已经制作好跳线两端的RJ-45水晶头分别插入测线仪对应的插口中，观察测线仪指示灯闪烁顺序。如果端接正确，则每芯线对应的上下2个指示灯按照实际交叉的顺序反复闪烁。在中间显示屏中会出现相应线序效果。如果端接不正确，指示灯闪烁将会出现异常情况，具体发生哪些错误可以通过指示灯闪烁情况来判断，并选择对应方法解决，详见表2-5。

（5）交叉型网络跳线检验验收　交叉型网络跳线的验收需要进行连通性测试、查验线序、查验线芯插接位置、查验裸露线芯长度4个方面的验收，具体方法如下。

1）连通性测试：打开测线仪电源开关，将已制作完成的网络跳线插接在测线仪上，指示灯按照顺序全部依次亮起。

2）查验线序：观察水晶头端接线序，确认水晶头端接线序无误，线芯排列整齐有序。

3）查验线芯插接位置：观察水晶头限位槽位置，确认水晶头内双绞线线芯全部插接至底部。

4）查验裸露线芯长度：按照国标规定，线芯裸露长度小于13mm，按照国标规定长度计算，外绝缘层必须深入水晶头内部，并在压接水晶头时被三角压块压住。

按照表2-10所示内容逐项审查自己的任务成果，要求每一项都能做到最好，完成任务实施后按照下表要求进行评分，并邀请同学和老师给自己的任务成果进行评分。

表2-10 交叉型网络跳线端接任务评分表

评分人员	连通性测试（25分）	查验线序（25分）	查验线芯插接位置（25分）	查验裸露线芯长度（25分）	合计
自我评分					
同学评分					
教师评分					

学习任务2　信息插座安装

知识目标

- 明确信息插座底盒及面板安装要点。
- 明确网络模块安装要点。
- 了解信息插座安装过程。

能力目标

- 掌握信息插座安装技术。

素质目标

- 培养学生的职业能力。
- 培养学生精益求精的工作态度。

知识准备

1. 信息插座的概念

信息插座属于布线系统工作区主要组成部分，是为终端设备提供布线系统的网络接入口。

2. 信息插座的分类

信息插座一般由插座底盒和插座面板两个部分组成，按照安装位置可以分为墙面型、地面型。

1）墙面型：墙面型信息插座一般为86系列，分为底盒和面板两部分，插座为正方形，边长86mm，一般为白色塑料制造，中间有网络模块、光纤耦合器卡装口。

2）地面型：地面安装的插座也称为地弹插座，使用时只要推动限位开关，就会自动弹起。一般为120系列，常见的插座分为方形和圆形两种。方形长120mm，宽120mm；圆形直径为ϕ120mm。地弹插座要求具有抗压和防水功能，因此都是黄铜材料铸造的，如图2-20所示。

3. 信息插座底盒

信息插座底盒按安装方式分类有暗装底盒（见图2-21）、明装底盒（见图2-22）等形式；按材质分类有钢板底盒、塑料底盒等。信息插座底盒两侧都设计有螺钉孔，用于固定插座面板。

图2-20　地弹插座

图2-21　暗装底盒

图2-22　明装底盒

明装方式即将插座底盒和面板全部突出明装在墙面上，适合旧楼改造或者无法暗藏安装的场合。明装底盒一般安装在墙面、机箱或家具表面，四周有进线孔和出线孔，外表面比较光滑美观。常用产品的宽度为86mm，高度为86mm。

暗装底盒一般嵌入式安装在墙体内，四周有进线孔和出线孔，外表面一般比较粗糙。常用产品的宽度为64mm，高度为35mm或50mm。

暗装、明装底盒深度有多种，常用产品的深度有35mm、45mm、50mm、60mm、70mm等。安装电缆网络模块的底盒深度一般为35mm、45mm或50mm；安装光缆连接器的底盒深度一般应≥50mm；光纤冷接连接时，底盒深度≥60mm。

4. 信息插座面板

常用的信息插座面板分为单口面板（见图2-23）和双口面板（见图2-24），面板外形尺寸符合国标86型、120型。86型面板的宽度和长度均为86mm，通常采用高强度塑料材料制成，适合安装在墙面，具有防尘功能。120型面板的宽度和长度均为120mm，通常采用铜等金属材料制成，适合安装在地面，具有防尘、防水功能，如图2-25所示。

图2-23　86型单口面板

图2-24　86型双口面板

图2-25　120型面板

5. 信息插座安装遵循的原则

1）墙面安装的信息插座一般选用86型，并且插座面板一般选用双口面板。

2）地面安装的信息插座一般选用120型，该型号的信息插座适合安装在地面，具有防尘、防水、抗压等功能。正方形120型的信息插座长和宽均为120mm，圆形的120型信息插座直径为120mm，二者深度均为55mm。一般底盒是钢制，面板为黄铜制造。

6. 信息插座的安装规范

GB 50311—2016《综合布线系统工程设计规范》在第5章系统配置要求内容中，对信息插座提出了具体要求：

①每一个工作区信息插座模块数量不宜少于2个，并应满足各种业务的需求。

②每一个底盒支持安装的信息点（RJ-45模块或光纤适配器）数量不宜大于2个。

GB 50311—2016《综合布线系统工程设计规范》在第7章安装工艺要求内容中，对工作区的安装工艺提出了具体要求：

①暗装在地面上的信息插座盒应满足防水和抗压要求。

②工业环境中的信息插座可带有保护壳体。

③暗装或明装在墙体或柱子上的信息插座盒底距地高度宜为300mm。

④安装在工作台侧隔板面及临近墙面上的信息插座盒底距地高度宜为1.0m。

⑤信息插座模块宜采用标准86系列面板安装，安装光纤模块的底盒深度不应小于60mm。

综合以上信息，并且考虑施工成本与工程质量问题，为了节约成本并符合国家标准要求，工作区信息插座安装时需遵循以下原则：

①宜优先选用双口面板。

②墙面安装的信息插座底部离地面的高度宜为0.3m，嵌入墙面安装，使用时打开防尘盖插入跳线，不使用时防尘盖自动关闭。

③地面安装的信息插座必须选用地弹插座，嵌入地面安装，使用时打开盖板，不使用时盖板应该与地面高度相同。暗装在地面上的信息插座应满足防水和抗压要求。

7. 信息插座安装所需材料和工具

所需材料：86型信息插座底盒（见图2-26）、86型信息插座面板（见图2-27）、M6螺钉（见图2-28）、面板钉（见图2-29）、网络模块（见图2-30）。

所需工具：十字螺钉批（见图2-31）。

图2-26 插座底盒

图2-27 插座面板

图2-28 M6螺钉

 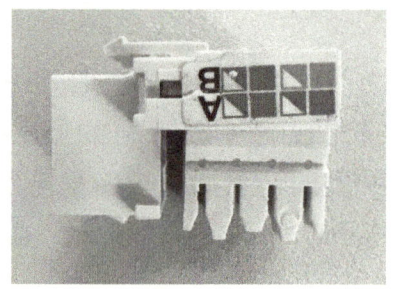 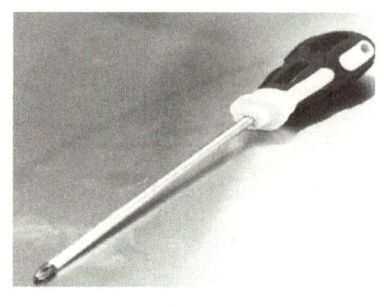

图2-29 面板钉　　　图2-30 网络模块　　　图2-31 十字螺钉批

材料和工具功能如下。

1）M6螺钉：用于固定信息插座底盒，因本书模拟任务采用铁质模拟墙，因此采用与模拟墙上螺钉孔配套的M6螺钉。

2）面板钉：用于固定信息插座面板，与面板配套使用，每个面板各有两个面板钉。

3）十字螺钉批：主要用于十字槽头螺钉的拆装。使用时应注意选与螺钉槽相同、大小规格相应的螺丝刀。按照旋杆与旋柄的装配方式分为普通式和穿心式两种，穿心式能承受较大的扭矩，可在尾部敲击。

4）网络模块：为综合布线常用连接器件，常用于工作区信息插座中，前端为RJ-45接口，可提供水晶头插接，尾部8个塑料线柱可按照色标端接双绞线的8根线芯，实现网络连接，是工作区子系统的重要组成部分，也是工作区子系统和配线子系统的连接点。

任务实施

每位同学至少在模拟墙上完成3次信息插座安装训练，要求：底盒安装牢固；模块卡接牢固且位置正确；面板以及面板盖板安装牢固且方向正确。

1. 材料和工具准备

根据任务要求计算好完成任务所需材料种类和数量，根据所学理论知识填写信息插座安装材料统计表（见表2-11）及信息插座安装工具清单（见表2-12），并交由老师确认后从老师处领取所需材料和工具。

表2-11　信息插座安装材料统计表

序号	名称	规格	数量	实物图
1				

（续）

序号	名称	规格	数量	实物图
2				
3				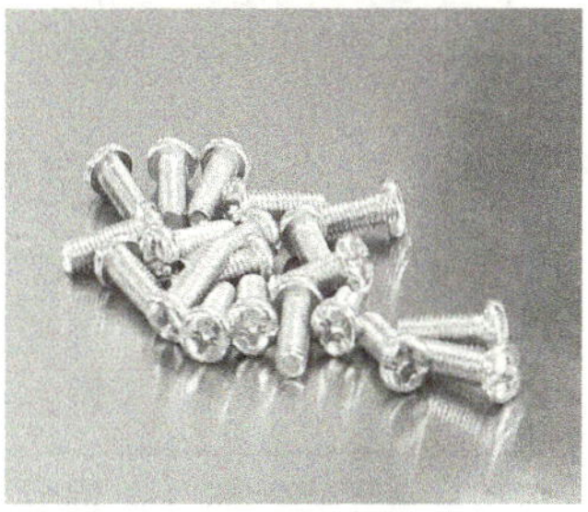
4				
5				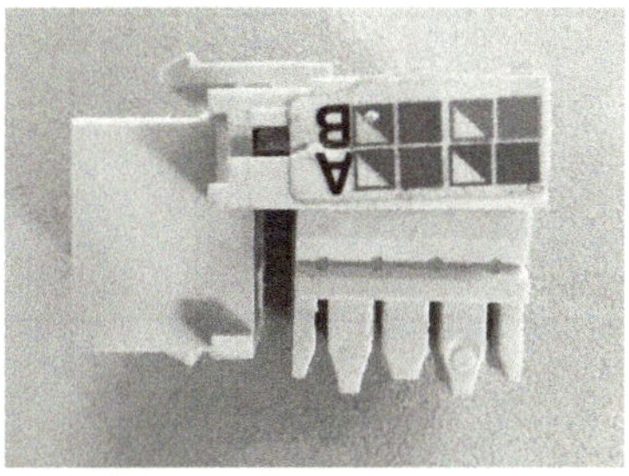

表2-12 信息插座安装工具清单

序号	名称	用途	数量	实物图
				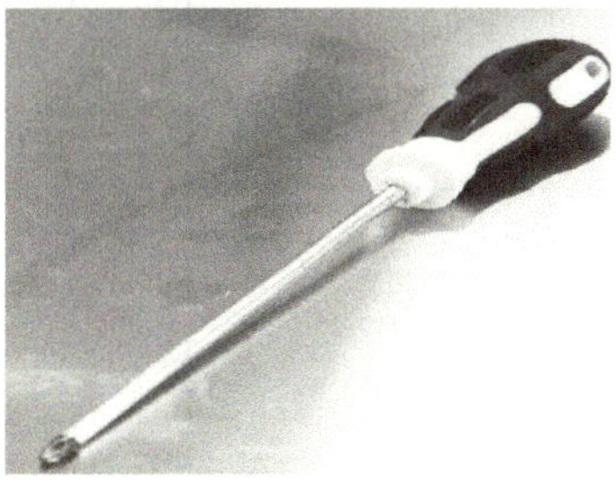

2. 材料和工具入场检验

按照GB/T 50312—2016《综合布线系统工程验收规范》要求，在施工前进行器材的检查并做好记录。信息插座安装所需器材和工具的检查方法如下。

1）86型明装信息插座底盒：检查信息插座底盒的品牌、型号、规格、数量是否符合设计文件要求；检查信息插座底盒外观结构是否完整。

2）86型明装信息插座面板以及面板钉：检查信息插座面板的品牌、型号、规格、数量是否符合设计文件要求；检查信息插座面板外观结构是否完整；市面上销售的面板都会配套2个面板钉，检查面板是否有配套面板钉，面板钉是否因生锈而无法使用。

3）5e类信息插座模块：作为综合布线常用连接器材，在施工前应先检查信息插座模块外包装上的品牌、型号、规格、数量是否与设计文件要求相符；通过外观检查模块各部件是否完整。

4）M6×16螺钉：通过外观检查螺钉结构是否完整无破损痕迹，是否无生锈痕迹。

5）十字螺钉批：通过外观检查十字螺钉批结构是否完整无破损痕迹，是否无生锈痕迹。

根据以上检查方法，完成对材料和工具的检查并填写信息插座安装材料及工具检查记录表（见表2-13）。

表2-13 信息插座安装材料及工具检查记录表

序号	材料或工具名称	检查方法	检查项目	检查结果
1				
2				
3				
4				
5				
6				

检查人员签字： 检查日期：

材料和工具准备齐全，检查无误之后，按照任务实施要求完成任务。

3. 信息插座安装（模拟墙）

1）因为模拟墙采用的是M6螺钉，所以在模拟墙上安装信息插座底盒需要先在信息插座底部中央位置打一个螺孔，然后在螺孔中放入M6螺钉，用十字螺钉批将插座底盒安装在模拟墙上，完成固定插座底盒任务，如图2-32所示。

7-信息插座安装

2）取下插座面板，在面板四周有盖板卡扣，轻微用力即可打开卡扣并将盖板取下，如图2-33所示。

图2-32　底盒安装

图2-33　取下面板盖板

3）在信息插座的正面有一个网线接入口，在接入口的背面就是网络模块卡接位置，将模块卡入面板完成模块固定，注意模块的方向不能弄反，否则跳线无法插入模块。

4）将插座面板安放在底盒上，在左右两侧的螺孔中放入面板钉，用十字螺钉批拧紧面板钉，完成面板固定，如图2-34所示。

5）盖上盖板，完成信息插座安装，如图2-35所示。

图2-34　面板固定

图2-35　盖上盖板

任务过程中有可能出现的问题以及解决办法见表2-14。

表2-14　可能出现的问题以及解决办法

问题	解决办法
底盒倾斜	用十字螺钉批松开M6螺钉，扶正底盒，重新拧紧M6螺钉固定
底盒安装不牢固	用十字螺钉批拧紧M6螺钉加固
模块安装方向不正确	模块安装方向错误导致网络跳线无法插入，需要拆下网络模块，调整方向重新卡接入面板中
面板安装不牢固	用十字螺钉批拧紧面板钉加固
面板装反	如果面板的跳线插入后防尘挡板开启方向不是向上，就说明面板安装方向错误，拆除后重新安装

4. 信息插座检验验收

按照国标规定以及工程经验，应该对已经安装好的信息插座进行如下检验。

1）底盒安装：可以通过目测或者借助工具测量，保证底盒安装无倾斜现象，如果有，则需要纠正。底盒安装必须牢固不能有松动现象，如果有松动现象，则加固至无松动现象为止。

2）模块安装方向：安装好模块之后可以打开信息插座面板上的RJ-45接口的防尘盖，观察接口，能否允许插接终端设备的设备缆线接入，若设备缆线能够接入，则表示模块安装方向正确，若设备缆线无法接入，则表示模块安装方向错误，需要拆卸并重新安装模块。

3）面板安装：面板安装必须牢固不能松动，面板安装方向正确。

按照表2-15所示内容逐项审查自己的任务成果，要求每一项都能做到最好，完成任务实施后按照下表要求进行评分，并邀请同学和老师给自己的任务成果进行评分。

表2-15 信息插座安装任务评分表

评分人员	底盒安装（30分）	面板安装（30分）	模块安装（40分）	合计
自我评分				
同学评分				
教师评分				

习　题

一、填空题

1. 网络跳线的特征是线缆两端都端接有_____。网络跳线主要应用在_____与_____的连接、布线系统中各种网络设备（如_____、_____、_____等）之间的连接。

2. 水晶头由_____、_____、_____、_____、_____组成。

3. 在网络跳线的制作中有两种标准线序，分别称为T568A线序与T568B线序，请分别写出两种线序。

T568A线序：_____

T568B线序：_____

4. _____通常在不同的设备连接中使用，如要制作路由器和交换机之间的跳线，双绞线两端应使用同一标准的线序。

5. _____通常使用于两种相同制式的设备连接，如要制作计算机与计算机之间的连接线，双绞线两端各使用同一标准的线序。

6. 非屏蔽双绞线电缆的色谱由1个主色（白色）和4个副色（蓝、橙、绿、棕）组成，具体色谱为_____。

7. 网络跳线端接时需要从双绞线头部开始将外绝缘层去除，长度为_____。

8. 网络跳线端接时需要将排列好线序的8根线芯剪平整，剪平后剩余线芯裸露长度为_____。

9. 信息插座一般由插座底盒和插座面板两个部分组成，按照安装位置可以分为_____、_____、_____三大类。

10. 墙面型信息插座一般为_____，分为底盒和面板两部分，插座为正方形，边长_____。

11. 明装方式即将插座底盒和面板全部突出明装在墙面上，适合_____或者_____的场合。

12. 暗装底盒一般_____安装在墙体内，四周有_____、_____孔，外表面一般都比较粗糙。

13. 地面安装的插座也称为_____，使用时只要推动限位开关，就会自动弹起。

14. 每一个工作区信息插座模块数量不宜少于_____个，并应满足各种业务的需求。

15. 暗装或明装在墙体或柱子上的信息插座盒底距地高度宜为_____。

16. 安装在工作台侧隔板面及临近墙面上的信息插座盒底距地高度宜为_____。

17. 信息插座模块宜采用_____面板安装，安装光纤模块的底盒深度不应小于60mm。

18. 在对工具和材料进行进场检查时，信息插座面板和信息插座底盒都要检查_____、_____、_____、_____是否符合设计文件要求；检查信息插座底盒外观结构是否完整。

二、名词解释

1. U/UTP：_____
_____

2. F/UTP：_____
_____

3. U/FTP：_____
_____

4. SF/UTP：_____
_____

5. S/FTP：_____
_____

6. U/UTQ：_____

_____

7. U/FTQ：_____

_____

8. S/FTQ：_____

_____

三、简答题

1. 在完成直通型网络跳线端接后进行连通性测试时发现指示灯亮灯顺序混乱，请问是什么原因导致的？该如何解决？

指示灯亮灯顺序混乱的原因：_____

解决方法：_____

_____

2. 在完成直通型网络跳线端接后进行连通性测试时发现有个别指示灯不亮，请问是什么原因导致的？该如何解决？

有个别指示灯不亮的原因：_____

解决方法：_____

_____

3. 在完成直通型网络跳线端接后进行连通性测试时，正确的亮灯顺序是：_____

_____

单元3
配线子系统施工

👆 单元概述

本单元主要学习配线子系统相关知识和安装技能。配线子系统是综合布线系统中最重要的组成部分之一，范围广，材料使用量大，其设计和施工质量好坏决定了整个工程的通信质量和造价。GB 50311—2016《综合布线系统工程设计规范》规定：配线子系统应由工作区内的信息插座模块、信息插座模块至电信间配线设备（FD）的水平缆线、电信间的配线设备及设备缆线和跳线等组成。

经过单元1的学习，已经完成住宅综合布线系统工程设计工作，绘制了住宅综合布线系统的布线施工图、布线系统图以及各类表格，布线施工图如图3-1所示；单元2完成住宅综合布线系统的工作区子系统的学习，完成了信息插座安装以及插座至终端设备的连接缆线（设备缆线）的端接与制作任务。结合项目实际情况可以知道这个项目余下所有综合布线施工任务均是配线子系统的一部分。

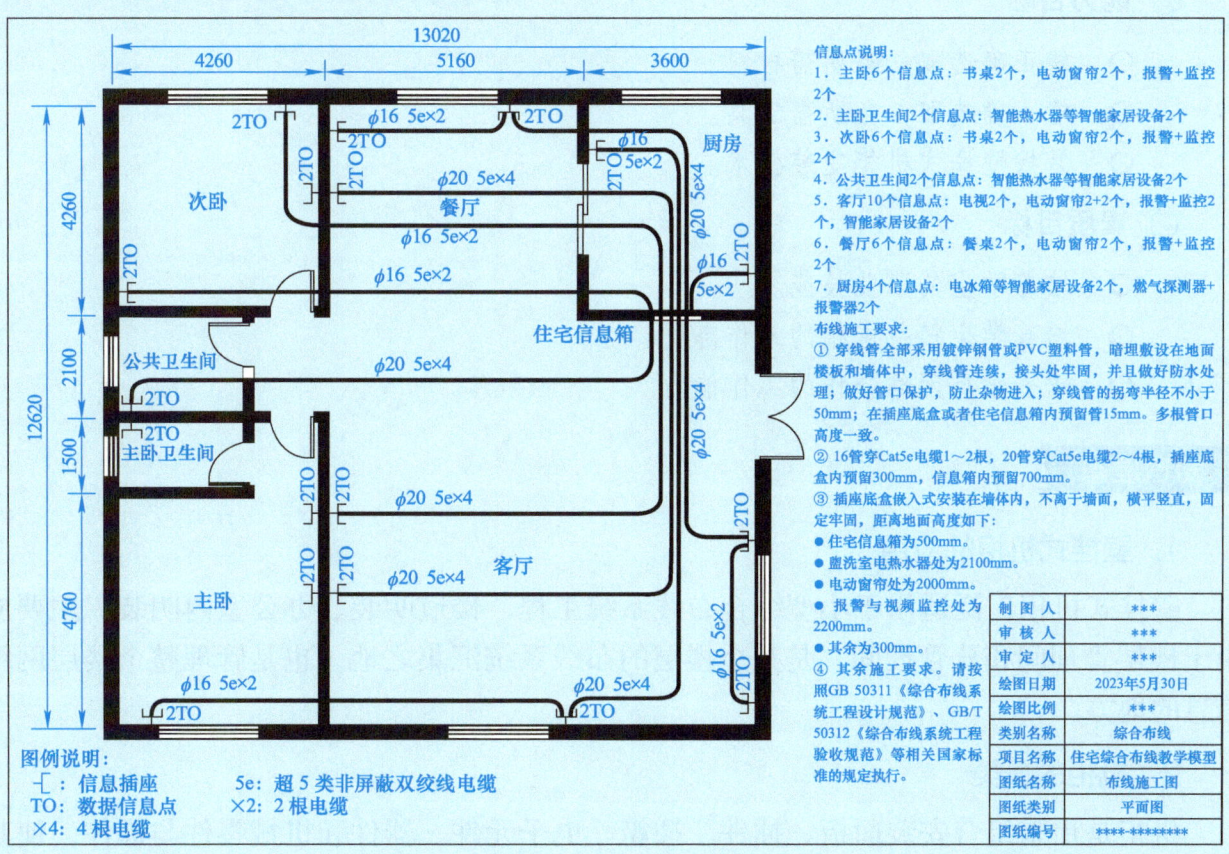

图3-1 布线施工图样图

住宅综合布线教学模型中的配线子系统工程施工步骤为：第一步，先确定管理间机柜位置并安装机柜；第二步，在已经安装好的机柜和信息插座之间进行布线路由路径的安装，即管槽安装并按照设计文件的要求敷设缆线；第三步，在之前的基础上进行永久链路端接，通过永久链路实现信息插座中的模块和管理间机柜中的网络设备连接；第四步，在管理间的机柜中进行管理子系统安装。完成上述步骤即可完成配线子系统安装任务。

按照施工流程，本单元学习任务安排为机柜安装、线管安装及缆线布放、线槽安装及缆线布放、网络模块端接、网络配线架端接、110型通信跳线架端接、永久链路端接、管理间子系统安装8个学习任务。将通过这8个学习任务一起学习一个住宅综合布线系统配线子系统的搭建过程。

学习任务1　壁挂式机柜安装

知识目标

- 了解任务所需材料。
- 了解任务所需工具。
- 明确机柜安装要点。
- 了解机柜安装过程。

能力目标

- 能正确选取任务所需材料。
- 能正确选取任务所需工具。
- 掌握壁挂式机柜安装技术。

素质目标

- 培养学生的职业技能。
- 培养学生精益求精的工作态度。
- 培养学生团结合作的工作能力。

知识准备

1. 壁挂式机柜的应用

壁挂式机柜广泛适用于小型综合布线系统工程、楼道明装、办公室内明装，主要应用于楼层管理间和分管理间，是整个楼层的布线系统汇集之地，也是管理整个楼层网络信息的地方。

2. 机柜的分类

机柜是用来组合安装面板、插件、插箱、电子元件、器件和机械零件与部件，使其构成一个整体的安装箱。根据类型来分，有服务器机柜、壁挂式机柜、网络机柜、标准机柜、配线机柜等。容量值在2U～42U。

（1）网络机柜　网络机柜主要是存放路由器、交换机、配线架等网络设备及配件，深度一般小于800mm，宽度600mm和800mm都有，前门一般为透明钢化玻璃门，对散热及环境要求不高。机柜的结构应根据设备的电气、机械性能和使用环境的要求，进行必要的物理设计和化学设计，以保证机柜的结构具有良好的刚度和强度，以及良好的电磁隔离、接地、噪声隔离、通风散热等性能。此外，网络机柜应具有抗振动、抗冲击、耐腐蚀、防尘、防水、防辐射等性能，以便保证设备稳定可靠地工作。网络机柜应具有良好的使用性和安全防护设施，便于操作、安装和维修，并能保证操作者安全。网络机柜应用于生产、组装、调试和包装运输，应合乎标准化、规格化、系列化的要求。

（2）服务器机柜　服务器机柜是19in（1in=0.0254m）标准机柜，用来安装服务器、显示器、UPS等19in标准设备及非19in标准的设备，在机柜的深度、高度、承重等方面均有要求，宽度一般为600mm，深度一般在900mm以上，因内部设备散热量大，前后门均带通风孔。

（3）标准机柜　标准机柜是安装设备和缆线交接的地方。标准机柜以U为单位区分（1U=44.45mm）。标准机柜的规格一般为19in，内部立柱安装尺寸宽度为482mm，机柜外部尺寸宽度为600mm，深度为600mm，高度尺寸一般为2000mm。

（4）配线机柜　配线机柜是为综合布线系统特殊定制的机柜，如图3-2和图3-3所示。其特殊点在于增添了布线系统特有的一些附件，例如，垂直布置的理线架、理线环、光纤收纳架等，并对电源的布局提出了特别的要求。

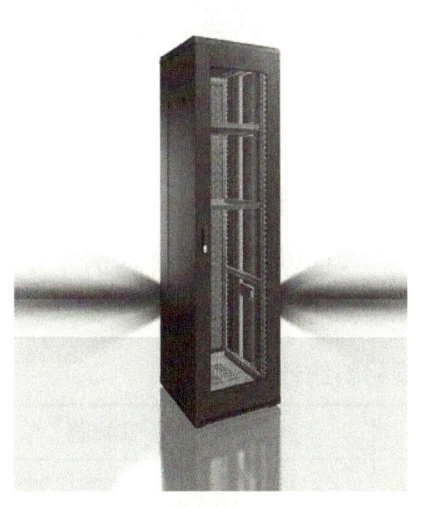
图3-2　配线机柜外观

图3-3　配线机柜内部

（5）壁挂式机柜　壁挂式机柜广泛应用于小区智能化建设，空间较小的配线间、楼道以及安装设备较少的通信网络等环境中。壁挂式机柜以其较小的体积、方便安装和拆卸、易于管理和防盗的特点被广泛选用。壁挂式机柜只需要在机柜的后部开2～4个挂墙孔，利用膨胀螺钉将其固定在墙上或直接嵌入墙体来安装。机柜主要用于楼层管理间或者分管理间，外观轻巧美观，全柜采用钢板制作，柜门一般装有玻璃，机柜背面有挂墙孔，可将机柜挂在墙上节省空间，广泛用于小型综合布线系统工程、楼道明装、办公室内明装等，如图3-4所示。

3. 壁挂式机柜安装所需材料和工具

壁挂式机柜安装所需材料：壁挂式机柜、M6螺钉（见图3-5）。

壁挂式机柜安装所需工具：十字螺钉批（见图3-6）。

图3-4 壁挂式机柜

图3-5 M6螺钉

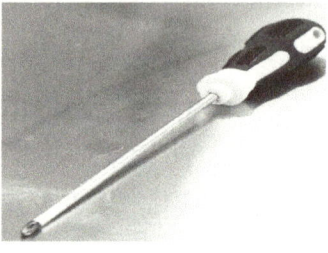
图3-6 十字螺钉批

材料和工具功能如下。

1）M6螺钉：用于固定壁挂式机柜，因本书模拟任务采用金属模拟墙，因此采用与模拟墙上螺钉孔配套的M6螺钉。

2）十字螺钉批：主要用于十字槽头螺钉的拆装。使用时应注意选与螺钉槽相同、大小规格相应的螺钉旋具。按照旋杆与旋柄的装配方式分为普通式和穿心式两种，穿心式能承受较大的扭矩，可在尾部敲击。

任务实施

每4人为一个施工小队，相互协助完成壁挂式机柜安装任务，要求：壁挂式机柜安装位置符合要求；安装牢固不松动；安装完成后机柜门开关灵活；机柜完整无破损划痕。

1. 材料和工具准备

每一个施工小队根据任务要求计算好完成任务所需材料种类和数量，根据所学理论知识填写壁挂式机柜安装材料统计表（见表3-1）及壁挂式机柜安装工具清单（见表3-2），并交由老师确认后从老师处领取所需任务材料和工具。

表3-1 壁挂式机柜安装材料统计表

序号	名称	规格	数量	实物图
1				
2				

表3-2　壁挂式机柜安装工具清单

序号	名称	用途	数量	实物图
				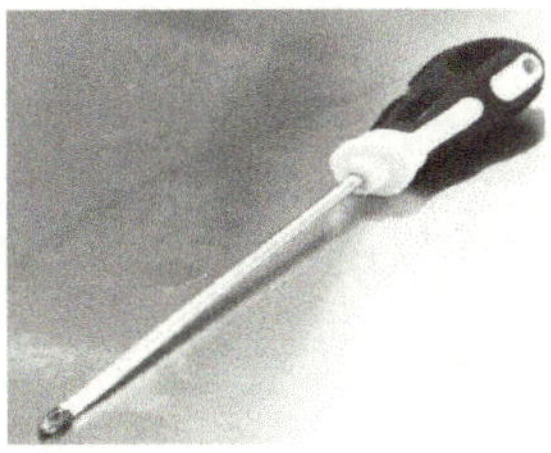

2. 材料和工具入场检验

按照GB/T 50312—2016《综合布线系统工程验收规范》要求，在施工前进行器材的检查并做好记录。壁挂式机柜安装所需器材和工具的检查方法如下。

1）6U壁挂式机柜：通过外观检查，外观结构完整无破损痕迹，无生锈痕迹即可。

2）M6×16螺钉：通过外观检查，外观结构完整无破损痕迹，无生锈痕迹即可。

3）十字螺钉批：通过外观检查，外观结构完整无破损痕迹，无生锈痕迹即可。

根据以上检查方法，完成对材料和工具的检查并填写壁挂式机柜安装材料及工具检查记录表（见表3-3）。

表3-3　壁挂式机柜安装材料及工具检查记录表

序号	材料或工具名称	检查方法	检查项目	检查结果
1				
2				
3				

检查人员签字：　　　　　　　　　　　　　　　检查日期：

材料和工具准备齐全，检查无误之后，开始进行机柜安装实操。

3. 壁挂式机柜安装

1）打开壁挂式机柜的门，一只手扶住机柜门外侧下部，另一只手将门轴上的固定门轴抽出，如图3-7所示。完成后右手沿垂直方向轻微移动机柜门，此时机柜门已脱离机柜固定位置，两手握住机柜门向上提起机柜门，即可拆除壁挂式机柜的柜门。

2）将机柜安放在需要安装机柜的位置（在模拟墙上安装机柜需注意螺孔位置），在机柜后部安装4颗固定螺钉，固定机柜，如图3-8所示。

8-壁挂式机柜安装

3）将机柜门下方门轴安放在机柜下方卡扣中，将机柜门上方门轴下拉，移动机柜门至上方门轴卡入机柜上方固定卡扣中，关上机柜门，机柜安装完成，如图3-9所示。

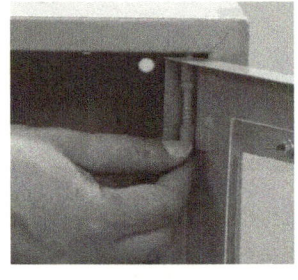
图3-7　抽出固定门轴

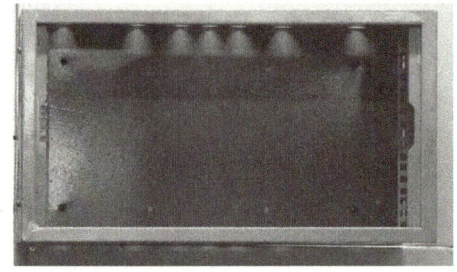
图3-8　固定机柜

图3-9　安装机柜门

4. 壁挂式机柜安装检验验收

按照国标规定内容，应该对已经安装好的机柜进行如下检验。

1）机柜安装位置：机柜安装位置是否符合设计文件要求，可通过钢卷尺对机柜安装位置进行测量，用水平尺测量机柜水平度，确保机柜保持水平无落差。

2）外观检查：对机柜进行外观检查，查看是否有刮痕、各种标志是否清晰以及查看零部件情况。

3）机柜安装牢固：用手扶着机柜，略微用力晃动机柜，检查机柜安装是否牢固。

4）机柜门安装灵活：对机柜门进行开关试验，检查机柜门开启和关闭是否灵活。

按照表3-4所示内容逐项审查自己的任务成果，要求每一项都能做到最好，完成任务实施后按照下表要求进行评分，并邀请同学和老师给自己的任务成果进行评分。

表3-4　壁挂式机柜安装任务评分表

评分人员	机柜门开关灵活（20分）	机柜安装牢固（30分）	机柜安装位置（30分）	外观完整（20分）	合计
自我评分					
同学评分					
教师评分					

学习任务2　线管安装及缆线布放

知识目标

- 了解任务所需材料。
- 了解任务所需工具。
- 明确线管安装要点。

- 了解线管安装过程。

能力目标

- 能正确选取任务所需材料。
- 能正确选取任务所需工具。
- 掌握线管安装技术。

素质目标

- 培养学生的职业技能。
- 培养学生精益求精的工作态度。
- 培养学生团结合作的工作能力。

知识准备

1. 线管的概念

线管是综合布线系统工程中常用的器材，与线槽、桥架共同作为布线系统常用布线路径架设材料，常用于各级布线系统路径安装，网络缆线常在已安装好的线管中敷设。

2. 线管的分类

线管按照使用材料可以分为塑料管和金属管，其中塑料管常见材质有PE材质和PVC材质两种。

（1）金属管　金属管是用于分支结构或暗埋的线路，它的规格也有多种，外径以mm为单位。管的外形如图3-10所示。

工程施工中常用的金属管有φ16mm、φ20mm、φ25mm、φ32mm、φ40mm、φ50mm、φ63mm、φ25mm、φ110mm等规格。

（2）塑料管　塑料管分为两大类：PE线管和PVC线管。塑料管的外形如图3-11所示。

图3-10　金属管

图3-11　塑料管

PE线管是一种塑制半硬导管，按外径分有φ16mm、φ20mm、φ25mm、φ32mm等规格。PVC线管以聚氯乙烯树脂为主要原料，按外径分有φ16mm、φ20mm、φ25mm、

ϕ32mm、ϕ40mm、ϕ45mm、ϕ63mm、ϕ25mm、ϕ110mm等规格，不同规格的线管有各自规格的各类配件。

PVC线管安装配件较多。在综合布线系统工程中常用的几种PVC线管安装配件有线管弯头（见图3-12）、直通接头（见图3-13）、开口管卡（见图3-14）、三通接头（见图3-15）、四通接头（见图3-16）、弯管器（见图3-17）。

图3-12　线管弯头

图3-13　直通接头

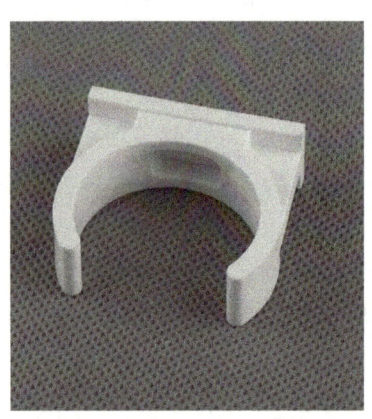

图3-14　开口管卡

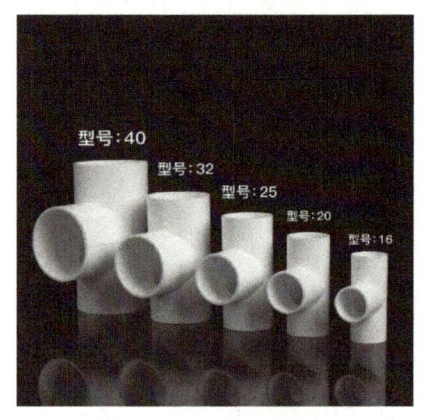

图3-15　三通接头

图3-16　四通接头

图3-17　弯管器

3．布线常用线管

综合布线系统工程常用的线管型号有PVC-20系列、PVC-25系列、PVC-30系列、PVC-40系列、PVC-40Q系列。

PVC线管主要用于水平子系统布线，一般暗埋在楼板与过梁和立柱内，也用于楼层吊顶上的隐蔽布线，常用规格为ϕ20mm或者ϕ16mm等。在工程设计和施工安装中，ϕ20mm管内最多安装3根网线，距离短、拐弯少时，也允许安装4根网线；ϕ16mm管内最多安装2根网线，距离短、拐弯少时，也允许安装3根网线，不同管径的线管中允许最大穿线条数见表3-5。

表3-5 线管中允许最大穿线条数

线管类型	线管规格/mm	容纳双绞线最多条数/条	截面利用率
PVC、金属	16	2	30%
PVC	20	3	30%
PVC、金属	25	5	30%
PVC、金属	32	7	30%
PVC	40	11	30%
PVC、金属	50	15	30%
PVC、金属	63	23	30%
PVC	80	30	30%
PVC	100	40	30%

4. 线管安装所需工具以及材料

线管安装及缆线布放所需材料：86型信息插座底盒（见图3-18）、M6螺钉（见图3-5）、ϕ20mm PVC线管弯头（见图3-19）、ϕ20mm PVC线管（见图3-20）、ϕ20mm PVC线管直通（见图3-21）、ϕ20mm PVC开口管卡（见图3-22）、5e类非屏蔽双绞线（见图3-23）。

线管安装及缆线布放所需工具：十字螺钉批、ϕ20mm弯管器、线管剪（见图3-24）。

图3-18 插座底盒

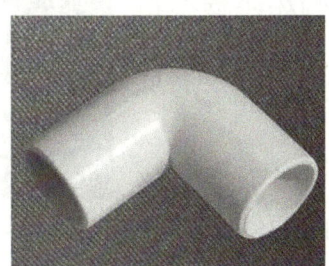

图3-19 ϕ20mm PVC线管弯头

图3-20 ϕ20mm PVC线管

图3-21 ϕ20mm PVC线管直通

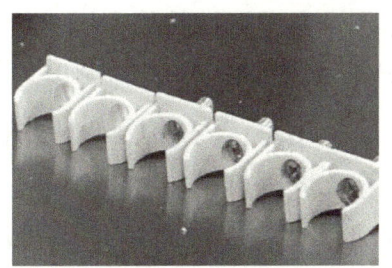

图3-22 ϕ20mm PVC开口管卡

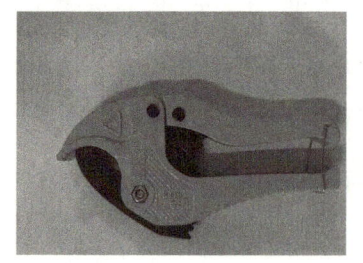

图3-23　5e类非屏蔽双绞线　　　　　　　　图3-24　线管剪

材料和工具功能如下。

1）信息插座底盒：常用信息插座底盒分为明装底盒和暗装底盒。明装底盒通常采用高强度塑料材料制成，而暗装底盒根据需求可采用塑料材料制成或金属材料制成。

2）M6螺钉：用于固定信息插座底盒，因本书模拟任务采用金属模拟墙，因此采用与模拟墙上螺钉孔配套的M6螺钉。

3）十字螺钉批：主要用于十字槽头螺钉的拆装。使用时应注意选与螺钉槽相同、大小规格相应的螺丝刀。按照旋杆与旋柄的装配方式分为普通式和穿心式两种，穿心式能承受较大的扭矩，可在尾部敲击。

4）ϕ20mmPVC线管弯头：作为线管安装的常用配件之一，线管转弯时除了采用弯管方式进行转弯，也可以通过弯角进行转弯，使用时只需将两根线管安装在弯头的两个连接口即可，操作简单。

5）ϕ20mmPVC线管：以聚氯乙烯树脂为主要原料的塑料穿线管，抗压和阻燃性能良好，且价格便宜实惠，是布线工程常用管材，也是本任务使用管材。

6）弯管器：是线管安装常用工具之一，主要用于线管大弯角制作，使用时必须与PVC管内径相匹配，只能对冷弯管材料进行折弯。制作线管弯角时先将弯管器放入线管合适位置，再用力弯曲线管即可，如图3-25所示。

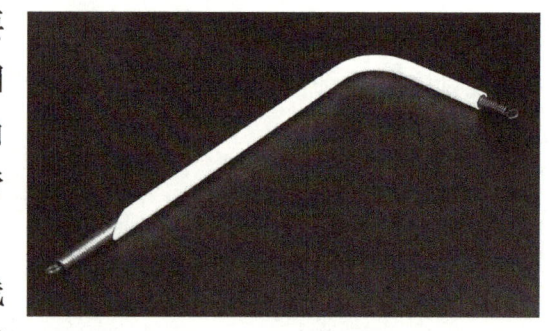

图3-25　用弯管器弯管

7）ϕ20mmPVC线管直通：在长距离水平布线时使用，将两根线管安装在线管直通的两侧接口即可实现两根线管的连接。

8）ϕ20mmPVC开口管卡：是安装线管时必需的配件，用于固定线管，管卡的底部有一个螺钉孔，先用螺钉将管卡固定在所需位置，再将线管卡装在管卡上固定。

9）线管剪：是线管安装常用工具之一，主要用于旋转切断ϕ16mm、ϕ20mm、ϕ25mm PVC线管。使用时首先用力向外掰开刀柄，然后将线管放入刀口内，最后压紧刀柄，使刀刃切入线管，同时旋转，切断线管。快要切断时应适当用力，保证管口平整。使用线管剪裁剪线管时，注意刀口不要朝向自己或者他人，同时操作者的手应与刀口保持一定的距离，以免发生意外。

10）5e类非屏蔽双绞线：常用的非屏蔽双绞线电缆种类为U/UTP，非屏蔽外护套结构，非屏蔽的两芯对绞线对电缆，简称非屏蔽电缆。非屏蔽双绞线电缆的色谱由1个主色（白色）和4个副色（蓝、橙、绿、棕）组成，具体色谱为白橙、橙、白蓝、蓝、白绿、绿、白棕、棕。

任务实施

线管安装及缆线布放是综合布线系统工程施工中极其重要的部分，是每一位综合布线技术人员必须掌握的必备技能之一。请完成如图3-26所示线管安装及缆线布放任务（机柜已提前安装），每一根线管布放一根5e类非屏蔽双绞线，要求：底盒安装牢固，位置符合要求；线管安装牢固且连接点无缝隙；线管弯角符合国标要求。全班划分施工小队，每队4人，以施工小队为单位完成线管安装及缆线布放任务。

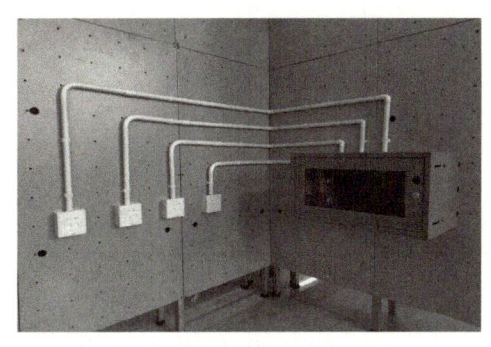

图3-26 线管安装及缆线布放任务

1. 材料和工具准备

每一个施工小队根据任务要求计算好完成任务所需材料种类和数量，根据所学理论知识填写线管安装及缆线布放材料统计表（见表3-6）和线管安装及缆线布放工具清单（见表3-7），并交由老师确认后从老师处领取所需任务材料和工具。

表3-6 线管安装及缆线布放材料统计表

序号	名称	规格	数量	实物图
1				
2				
3				

（续）

序号	名称	规格	数量	实物图
4				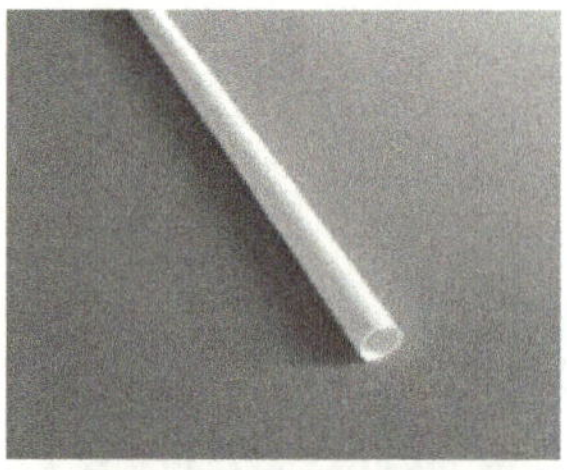
5				
6				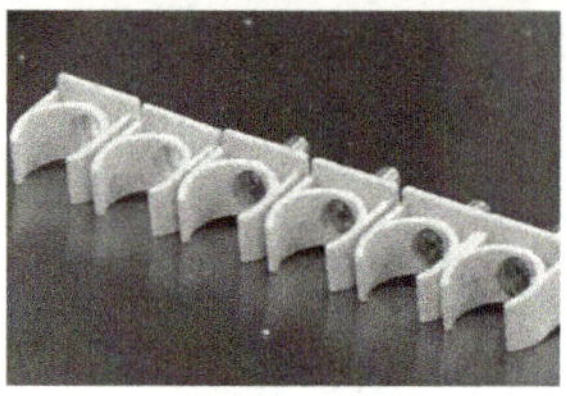
7				

表3-7　线管安装及缆线布放工具清单

序号	名称	用途	数量	实物图
1				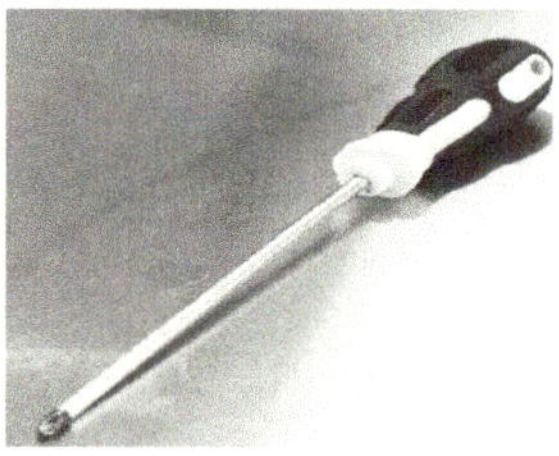
2				
3				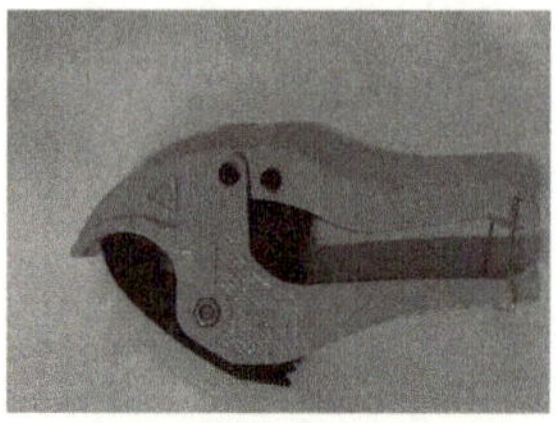

2. 材料和工具入场检验

按照GB/T 50312—2016《综合布线系统工程验收规范》要求，在施工前进行器材的检查并做好记录。线管安装及缆线布放所需器材和工具的检查方法如下。

1）86型明装信息插座底盒：检查信息插座底盒的品牌、型号、规格、数量是否符合设计文件要求；检查信息插座底盒外观结构是否完整。

2）M6×16螺钉：通过外观检查，外观结构完整无破损痕迹，无生锈痕迹即可。

3）线管弯头：通过外观检查，外观结构完整无破损痕迹。

4）PVC线管：通过外观检查，外观结构完整无破损痕迹，观察标签是否完整。

5）线管直通：通过外观检查，外观结构完整无破损痕迹。

6）开口管卡：通过外观检查，外观结构完整无破损痕迹。

7）十字螺钉批：通过外观检查，外观结构完整无破损痕迹，无生锈痕迹即可。

8）弯管器：通过外观检查，外观结构完整无破损痕迹，无生锈痕迹即可。

9）线管剪：通过外观检查，外观结构完整无破损痕迹，无生锈痕迹即可。

10）5e类非屏蔽双绞线：5e类非屏蔽双绞线作为综合布线使用最为广泛的缆线，在施工前应先检查其外包装上的品牌、型号、规格是否与设计文件要求相符；检查缆线的出厂质量检验报告、合格证、出厂测试记录是否齐全；查看外包装上的电气性能参数是否符合工程要求；查看所附标志、标签内容是否齐全、清晰；查看外包装是否注明型号和规格。

根据以上检查方法，完成对材料和工具的检查并填写线管安装及缆线布放材料及工具检查记录表（见表3-8）。

表3-8　线管安装及缆线布放材料及工具检查记录表

序号	材料或工具名称	检查方法	检查项目	检查结果
1				
2				
3				

（续）

序号	材料或工具名称	检查方法	检查项目	检查结果
4				
5				
6				
7				
8				
9				
10				

检查人员签字：　　　　　　　　　　　　　　检查日期：

材料和工具准备齐全，检查无误之后，按照任务实施要求完成任务。

3. PVC线管安装及缆线布放

9-PVC线管安装

1）先将信息插座底盒安装在模拟墙合适位置，具体安装过程参照信息插座安装任务过程，如图3-27所示。

2）将M6螺钉穿过管卡中部的螺孔，并使用十字螺钉批将开口管卡安装在模拟墙合适位置，如图3-28所示。

3）自制线管弯头，将弯管器放入PVC线管中，如图3-29所示，双手持弯曲一定角度的PVC线管两端，用力弯曲线管，使PVC线管弯至满意角度，如图3-30所示。GB/T 50312—2016《综合布线系统工程验收规范》规定管路转弯的曲率半径不应小于所穿入缆线的最小允许弯曲半径，并且不应小于该管外径的6倍。

4）如果线管过长可以使用线管剪剪掉过长的PVC线管，使用时将线管剪尾部把手向外掰开，掰开后线管剪的剪刀随之打开，将线管放入线管剪，然后一只手握住线管剪，另一只手拿住线管，收紧线管剪把手，当线管剪的剪刀切入线管后旋转线管，完成线管裁剪。裁剪过程中注意使用规范，确保安全施工，如图3-31所示。

5）如果线管长度不够，可以使用线管直通进行接续，使用方法为将线管直通安装在需要接续的线管一端，另取一根线管接入线管直通的另一个接口上，将接续完成的线管安装在模拟墙上，如图3-32所示。

图3-27 安装信息插座底盒

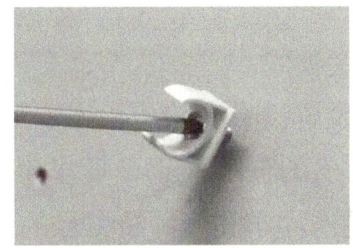
图3-28 安装管卡

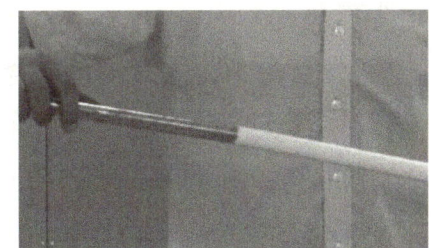
图3-29 弯管器放入线管

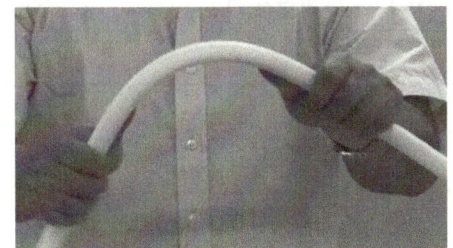
图3-30 用力弯曲线管

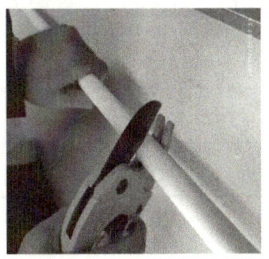
图3-31 线管裁剪

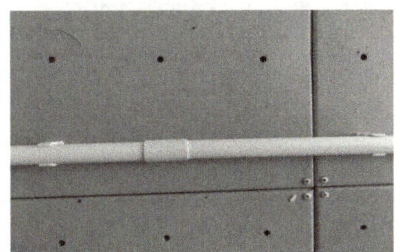
图3-32 线管直通安装

6）将裁剪好的线管放置在模拟墙合适位置，用手轻拍线管，使线管卡接在已经固定好的管卡上，完成线管安装，如图3-33所示。

7）在线管直角转弯处，也可以使用线管弯头进行转弯，使用方法为将线管弯头安装在线管的一端，另取一根线管接入线管弯头的另一个接口。然后将线管安装在模拟墙上，如图3-34所示。

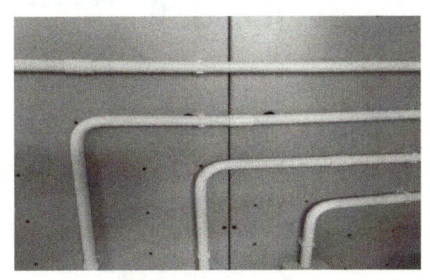
图3-33 线管固定

8）完成线管安装之后，将双绞线线缆从工作区信息插座中穿入线管中，如图3-35所示，直到双绞线线缆到达机柜则穿线完成，如图3-36所示。

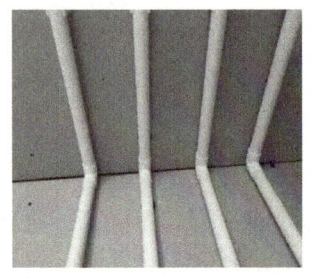  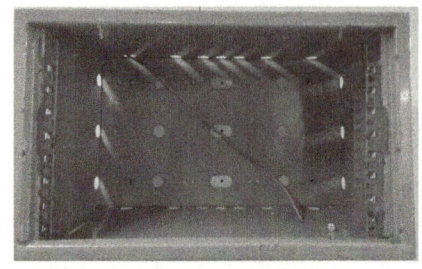

图3-34　使用线管弯头　　　图3-35　线缆穿入线管　　　图3-36　线缆到达机柜

4. 线管安装检验验收

线管安装应随工检验，也就是在工程施工的过程中，随时进行检验，需要填写隐蔽工程签单并且在项目竣工时提交隐蔽工程签单，证明线管安装质量。

按照国标规定和施工经验，应该对已经安装好的线管进行如下检验。

1）底盒安装：底盒安装牢固，没有倾斜，安装位置符合设计文件要求。

2）线管安装：线管安装牢固，安装中能保证线管水平和垂直，布线路由线路符合设计文件要求。

3）线管转角：线管转角符合相关要求。

4）线管连接点：线管各个连接位置没有缝隙。

按照表3-9所示内容逐项审查自己的任务成果，要求每一项都能做到最好，完成任务实施后按照下表要求进行评分，并邀请同学和老师给自己的任务成果进行评分。

表3-9　线管安装及缆线布放任务评分表

评分人员	底盒安装（10分）	线管弯角（30分）	线管安装（30分）	线管连接点（30分）	合计
自我评分					
同学评分					
教师评分					

学习任务3　线槽安装及缆线布放

知识目标

- 了解任务所需材料。
- 了解任务所需工具。
- 明确线槽安装要点。
- 了解线槽安装过程。

能力目标

- 能正确选取任务所需材料。
- 能正确选取任务所需工具。
- 掌握线槽安装技术。

素质目标

- 培养学生的职业技能。
- 培养学生精益求精的工作态度。
- 培养学生团结合作的工作能力。

知识准备

1. 线槽的概念

线槽是综合布线系统工程中常用的穿线路径，与线管、桥架共同作为布线系统常用布线路径架设材料，常用于各级布线系统路径安装，网络缆线常在已安装好的线槽中敷设，在明装布线工程中有限选用的材料就是线槽。

2. 线槽的分类

线槽又名走线槽、配线槽、行线槽，是用来将缆线进行规范梳理，固定在墙上或者顶棚上的布线材料。线槽一般根据槽体材质可以分为金属线槽和塑料线槽两种。金属线槽由槽底和槽盖组成，每根线槽长度一般为2m，槽与槽连接时使用相应尺寸的铁板和螺钉固定。塑料线槽的外形与金属线槽类似，但它的品种和规格更多，与其配套的附件有阳角、阴角、平弯（水平弯角）、三通、直接、堵头等，如图3-37所示。

（1）金属线槽　金属线槽是一种用于电线电缆敷设和保护的管道系统，如图3-38所示，其制造材料通常为金属，如钢或铝。

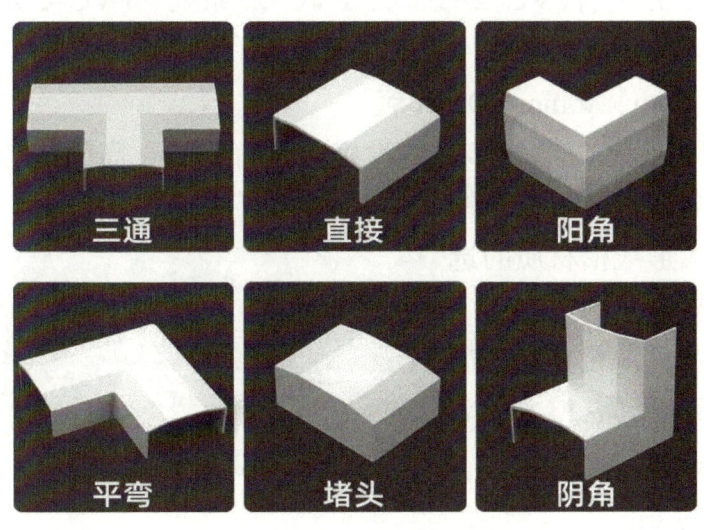

图3-37　线槽常见附件

图3-38　金属线槽

金属线槽在电气工程中扮演着重要角色，可以保护电线电缆免受机械损伤、环境侵蚀，并提供物理支撑，确保电气系统的安全和可靠运行。以下是一些常见的金属线槽类型。

1）钢制线槽：钢制线槽通常由冷轧钢板制成，具有较高的机械强度和耐用性。它们在工业、商业和住宅环境中被广泛应用，适用于不同类型的电缆线路。

2）铝制线槽：铝制线槽具有较轻的质量和良好的耐腐蚀性能，适用于室内和室外的电缆线路，尤其在需要轻便解决方案时常被使用。

3）不锈钢线槽：不锈钢线槽由不锈钢制成，具有出色的耐腐蚀性能，适用于潮湿、腐蚀性环境，如食品加工厂等。

4）镀锌线槽：镀锌线槽表面覆盖一层锌，以提供防腐蚀性能，适用于室内和室外环境，常见于商业建筑和工业设施。

这些金属线槽类型各自具有不同的特点和适用范围。在选择合适的金属线槽时，需要考虑电气系统的特定需求、环境条件以及预期的物理和防护性能。在综合布线系统中一般使用的金属线槽规格有50mm×100mm、100mm×100mm、100mm×200mm、100mm×300mm、200×400mm等。

（2）塑料线槽　塑料槽主要指PVC线槽（见图3-39）。PVC线槽通常由聚氯乙烯材料制成，具有轻质、防腐、耐热、耐寒、阻燃等特点。它可以满足建筑物和工厂等多种场所的电气设备保护需求，是一种常用的装修材料，主要用于电线、电缆等设备的保护，布线美观。

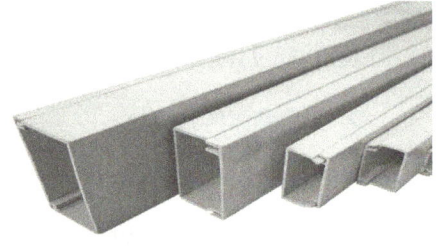

图3-39　PVC线槽

PVC线槽既可以作为单独的元件使用，也可以与其他电线、电缆配套使用。它在使用过程中可以大幅度地减少电线电缆的磨损和老化，延长了电线电缆的寿命，同时也减少了维修和更换的频率和费用。

除此之外，PVC线槽还具有良好的防水性能，可以在潮湿的环境中使用。同时还能够减少电气设备中的电磁干扰，使设备工作更加稳定和可靠。

PVC线槽的品种规格很多，从型号上分类有PVC-20系列、PVC-25系列、PVC-25F系列、PVC-30系列、PVC-40系列、PVC-40Q系列等。从规格上分类有20mm×12mm、25mm×12.5mm、25mm×25mm、30mm×15mm、40mm×20mm等。

弧形线槽（见图3-40）是一种专门用于室内电线布线的设施，具有美观、高效的特点。它的截面为弧形，可以与墙面完美贴合，让电线布线更为美观整洁，不会凹凸不平。另外，弧形线槽材质的选择也是多种多样的，可以按照需要进行选择。

线槽是日常布设和整理线材的常用器材，尤其对于后期需增加布线路由的情况。线槽明装布线因具有整齐、美观、方便等特点，而成为人们的首选方案。

图3-40　弧形线槽

3. 线槽安装及缆线布放所需材料和工具

线槽安装及缆线布放所需材料：86型信息插座底盒、5e类非屏蔽双绞线、M6螺钉、

PVC-40线槽（见图3-41）、PVC-40线槽三通（见图3-42）、PVC-40线槽弯头（见图3-43）。

线槽安装及缆线布放所需工具：十字螺钉批、线槽剪刀（见图3-44）。

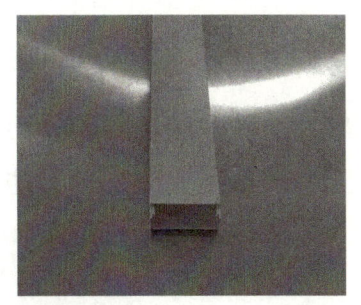

图3-41　PVC-40线槽

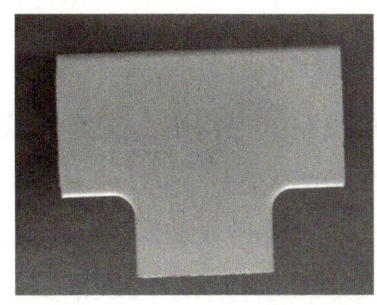

图3-42　PVC-40线槽三通

图3-43　PVC-40线槽弯头

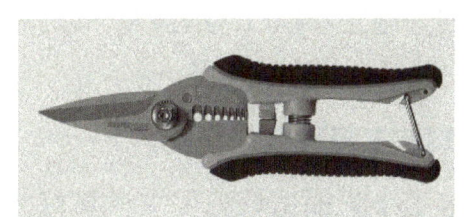

图3-44　线槽剪刀

材料和工具功能如下。

1）信息插座底盒：常用信息插座底盒分为明装底盒和暗装底盒。明装底盒通常采用高强度塑料材料制成，而暗装底盒根据需求可采用塑料材料制成或金属材料制成。

2）5e类非屏蔽双绞线：常用的非屏蔽双绞线电缆种类为U/UTP，非屏蔽的外护套结构，非屏蔽的两芯对绞线对电缆，简称非屏蔽电缆。非屏蔽双绞线电缆的色谱由1个主色（白色）和4个副色（蓝、橙、绿、棕）组成，具体色谱为白橙、橙、白蓝、蓝、白绿、绿、白棕、棕。

3）M6螺钉：用于固定信息插座底盒，因本书模拟任务采用金属模拟墙，因此采用与模拟墙上螺钉孔配套的M6螺钉。

4）十字螺钉批：主要用于十字槽头螺钉的拆装。使用时应注意选与螺钉槽相同、大小规格相应的十字螺钉批。按照旋杆与旋柄的装配方式分为普通式和穿心式两种，穿心式能承受较大的扭矩，可在尾部敲击。

5）PVC-40线槽：为以聚氯乙烯树脂为主要原料的塑料线槽，抗压和阻燃性能良好，且价格便宜实惠，是布线工程常用线槽，也是本任务使用线槽。

6）线槽剪刀：布线常用工具之一，主要用于剪切PVC线槽。使用时手指应远离刀口，快要切断时应用力适当。

7）PVC-40线槽三通：是线槽布线常用辅助器材，常用于水平布线系统中，将三根线槽进行相互连接。

8) PVC-40线槽弯头：用于布线系统中线槽转弯，只需要将两根线槽连接在线槽弯头的两个接口即可，操作简单。

任务实施

综合布线系统工程中，配线子系统除了用线管完成布线路由安装以外，也可以使用线槽进行布线路由安装。线槽安装是综合布线系统工程施工中极其重要的部分，也是每一位综合布线技术人员必须掌握的必备技能之一。

请完成如图3-45所示的线槽安装以及缆线布放任务（机柜已提前安装），每一个信息插座布放一根5e类非屏蔽双绞线。要求：底盒安装牢固位置符合要求；线槽安装牢固；线槽连接点和线槽转角都无缝隙。

全班划分施工小队，每队4人，以施工小队为单位完成线槽安装及缆线布放任务。

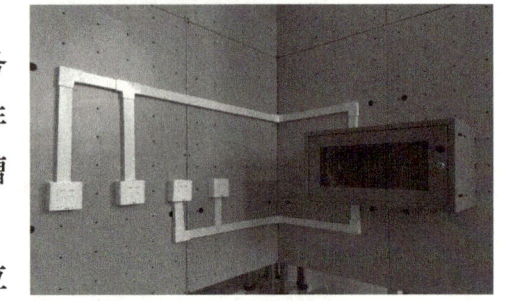

图3-45 线管安装任务实施

1. 材料和工具准备

每个施工小队根据任务要求计算好完成任务所需材料种类和数量，根据所学理论知识填写线槽安装及缆线布放材料统计表（见表3-10）和线槽安装及缆线布放工具清单（见表3-11），并交由老师确认后从老师处领取所需任务材料和工具。

表3-10 线槽安装及缆线布放材料统计表

序号	名称	规格	数量	实物图
1				
2				
3				
4				

（续）

序号	名称	规格	数量	实物图
5				
6				

表3-11 线槽安装及缆线布放工具清单

序号	名称	用途	数量	实物图
1				
2				

2. 工具和材料入场检验

按照GB/T 50312—2016《综合布线系统工程验收规范》要求，在施工前进行器材的检查并做好记录。线槽安装及缆线布放所需器材和工具的检查方法如下。

1）86型明装信息插座底盒：检查信息插座底盒的品牌、型号、规格、数量是否符合设计文件要求；检查信息插座底盒外观结构是否完整。

2）M6×16螺钉：通过外观检查，外观结构完整无破损痕迹，无生锈痕迹。

3）PVC-40线槽弯头：通过外观检查，外观结构完整无破损痕迹。

4）PVC-40线槽：通过外观检查，外观结构完整无破损痕迹，观察标签是否完整。

5）PVC-40线槽三通：通过外观检查，外观结构完整无破损痕迹。

6）5e类非屏蔽双绞线：检查其外包装上的品牌、型号、规格是否与设计文件要求相符；检查缆线的出厂质量检验报告、合格证、出厂测试记录是否齐全；查看外包装上的电气性能参数是否符合工程要求；查看所附标志、标签内容是否齐全、清晰；查看外包装是否注明型号和规格。

7）十字螺钉批：通过外观检查，外观结构完整无破损痕迹，无生锈痕迹即可。

8）线槽剪刀：通过外观检查，外观结构完整无破损痕迹。

根据以上检查方法,完成对材料和工具的检查并填写线槽安装及缆线布放材料及工具检查记录表(见表3-12)。

表3-12 线槽安装及缆线布放材料及工具检查记录表

序号	材料或工具名称	检查方法	检查项目	检查结果
1				
2				
3				
4				
5				
6				
7				
8				

检查人员签字:　　　　　　　　　　　　　　　检查日期:

材料和工具准备齐全,检查无误之后,按照任务实施要求完成任务。

3. PVC线槽安装及缆线布放

1)先将信息插座安装在模拟墙合适位置,具体安装过程参照信息插座安装任务过程。

2)根据图例寻找线槽安装位置,并在线槽中部位置钻孔用于安装M6螺钉,钻孔位置与模拟墙上螺孔位置对应,如图3-46所示。在综合布线系统工程实际施工过程中,每隔1m距离需要安装一个螺钉用于固定线槽。

10-PVC线槽安装

3)利用线槽剪刀在线槽一端剪出一个45°的倾斜面,如图3-47所示,另取一根线槽用同样的方式在线槽一端剪出一个相反方向的45°的倾斜面，将两段线槽安装在模拟墙上，如图3-48所示，用同样的方式加工两段线槽盖板，并将其覆盖在线槽上，完成线槽弯头制作，如图3-49所示。

4）在线槽侧面剪出线缆出入口，另取一段线槽安装在线缆出入口位置，盖上线槽三通，如图3-50所示，覆盖线槽盖板，完成三通口制作，如图3-51所示。

5）如果线槽过长可以使用线槽剪刀剪掉过长的PVC线槽，使用线槽剪刀将线槽的两个侧面依次剪断，再将线槽底部剪断，如图3-52所示。

6）将裁剪好的线槽放置在模拟墙合适位置，在提前钻好的孔位拧上M6螺钉固定线槽，将缆线放入线槽内，如图3-53所示，覆盖上线槽盖板，用手拍打或者使用橡胶锤轻轻捶打线槽盖板，使线槽盖板与线槽扣紧，最后安装信息插座面板，如图3-54所示，完成线槽安装。

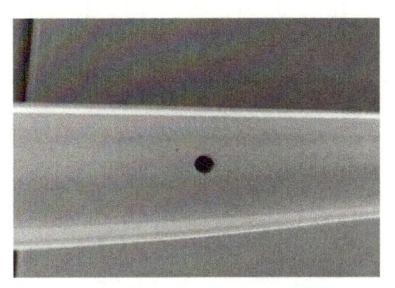
图3-46　线槽钻孔

图3-47　裁剪倾斜面

图3-48　安装线槽

图3-49　安装线槽盖板

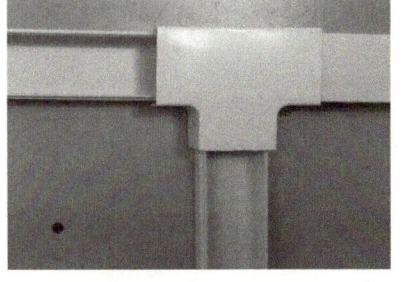
图3-50　线槽三通

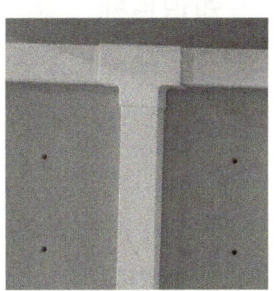
图3-51　覆盖线槽盖板

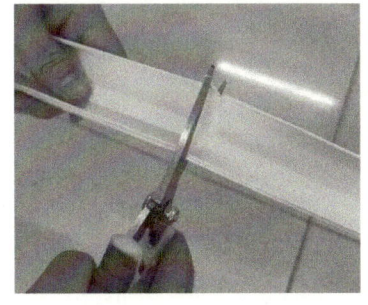
图3-52　线槽裁剪

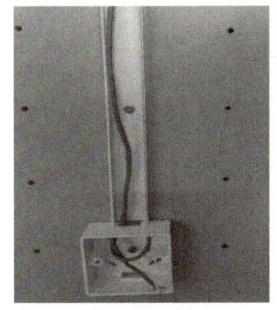
图3-53　敷设缆线

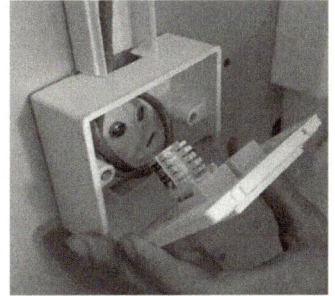
图3-54　安装信息插座面板

4. 线槽安装检验验收

线槽安装应随工检验，也就是在工程施工的过程中随时进行检验，按照国标规定内容和施工经验，应该对已经安装好的线管进行如下检验。

1）底盒安装：底盒安装牢固，没有倾斜，安装位置符合设计文件要求。

2）线槽安装：线槽安装牢固，安装中能保证线管水平和垂直，布线路由线路符合设计文件要求。

3）线槽转角：线槽需要进行90°转角时，可以覆盖在线槽转角上，用来连接两段线槽盖板，让转角无缝隙。

4）线槽连接点：线槽各个连接位置没有缝隙。

按照表3-13所示内容逐项审查自己的任务成果，要求每一项都能做到最好，完成任务实施后按照下表要求进行评分，并邀请同学和老师给自己的任务成果进行评分。

表3-13　线槽安装及缆线布放任务评分表

评分人员	底盒安装（25分）	线槽弯角（25分）	线槽安装（25分）	线槽连接点（25分）	合计
自我评分					
同学评分					
教师评分					

学习任务4　网络模块端接

知识目标

- 了解任务所需材料。
- 了解任务所需工具。
- 明确网络模块安装要点。
- 了解网络模块安装过程。

能力目标

- 能正确选取任务所需材料。
- 能正确选取任务所需工具。
- 掌握网络模块安装技术。
- 会使用测线仪测试连通性。

素质目标

- 培养学生的职业技能。
- 培养学生精益求精的工作态度。
- 培养学生团结合作的工作能力。

知识准备

1. 网络模块的应用

网络模块主要应用于工作区信息插座中，为终端设备提供布线系统的接入端口。配线子系统的永久链路也是从工作区信息插座中的网络模块开始连接至楼层管理间网络配线设备中的。网络模块是布线系统中主要的线缆连接器件。

2. 网络模块的分类

非屏蔽网络模块的常用规格包括5类、5e类、6类、6A类等，其机械结构和电气原理基本相同，下面以最常见的5e类非屏蔽网络模块（见图3-55）为例进行介绍，5e类非屏蔽网络模块长31mm、宽19mm、高19mm。

图3-55　5e类非屏蔽网络模块

3. 5e类非屏蔽网络模块组成结构

1）色标（见图3-56）：不同厂家的网络模块因为集成电路设计路线不同，导致端接线序不同，网络模块端接时，必须严格按照产品的线序色谱标识进行。

2）塑料线柱（见图3-57）：每个网络模块都有8个塑料线柱，每个线柱中都有一个钢制刀片，可端接一根线芯。塑料线柱应能满足在环境温度-10℃～60℃中工作永久不变形的可靠工作需要。

图3-56　色标

图3-57　塑料线柱

3）集成电路板：集成电路板为网络模块中的核心部件，通常采用单层电路板，通过焊接方式与8个刀片和8根弹簧插针相连，实现电气连通。

4）水晶头插口：插口内有8根弹簧插针，插针一端通过焊接方式固定在电路板上，整根插针与电路板保持30°的夹角，水晶头插入时，8根弹簧插针与水晶头上的8个金属刀片紧密接触，实现网络模块和水晶头的电气连通。

4. 5e类非屏蔽网络模块端接线序

为保证网络模块的端接线序正确，模块上的8个塑料线柱分别对应着水晶头内的1～8根线芯。网络模块端接线序在该模块侧面有色标标注，端接过程中按照色标进行线序排列即可，端接线序如图3-58所示。

网线的8芯导线必须压入塑料线柱刀片底部，否则塑料线柱中的刀片没有完全穿透导线绝缘层接触到铜导体，造成线芯接触不良，而且容易脱落，造成网络中断。

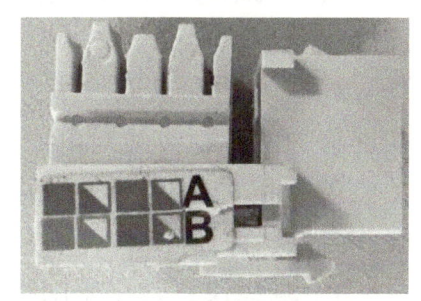

图3-58　网络模块端接线序

使用压线钳时，较长的一侧刀口向外，用于切断外部多余的线芯，如果刀口方向放反，则会导致线芯的导线切断，不能实现电气连接。

5. 网络模块端接原理

利用压线钳的压力将8根线逐一压接到网络模块的8个接线口中，同时剪掉多余的线头。在压接过程中刀片首先快速划破线芯绝缘层，与铜线芯紧密接触实现刀片与线芯的电气连接，这8个刀片通过电路板与RJ-45接口的8个弹簧插针连接。图3-59所示为网络模块刀片压线前位置图，图3-60所示为网络模块刀片压线后位置图。

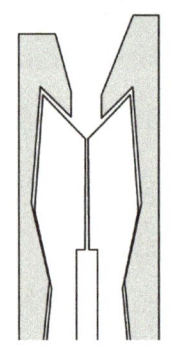
图3-59 网络模块刀片压线前位置图

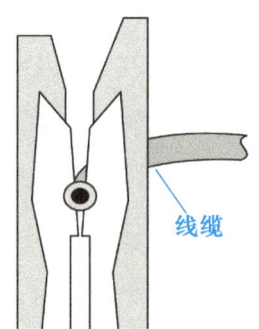
图3-60 网络模块刀片压线后位置图

在进行网络模块端接时，根据网络模块的结构，按照端接顺序和位置，将每对双绞线拆开并且端接到对应的位置，每对线拆开的长度越短越好，不能为了端接方便而将线对拆开很长，特别是在6类、7类系统端接时，这将直接影响永久链路的测试结果和传输速率。

6. 5e类非屏蔽网络模块端接所需材料和工具

网络模块端接所需材料：5e类非屏蔽网络模块、5e类非屏蔽双绞线。

网络模块端接所需工具：测线仪、线槽剪刀、小黄刀（见图3-61）。

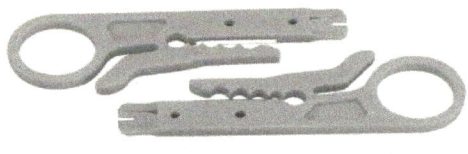
图3-61 小黄刀

材料和工具功能如下。

1）5e类非屏蔽网络模块：是综合布线常用连接器件，常用于工作区信息插座中，前端为RJ-45接口，可提供水晶头插接，尾部8个塑料线柱可按照色标端接双绞线的8根线芯，实现网络连接，是工作区子系统的重要组成部分，也是工作区子系统和配线子系统的连接点。

2）5e类非屏蔽双绞线：常用的非屏蔽双绞线电缆种类为U/UTP，非屏蔽外护套结构，非屏蔽的两芯对绞线对电缆，简称非屏蔽电缆。5e类非屏蔽双绞线电缆的色谱由1个主色（白色）和4个副色（蓝、橙、绿、棕）组成，具体色谱为白橙、橙、白蓝、蓝、白绿、绿、白棕、棕。

3）测线仪：常用于网络管理中进行简单的网络通断测试，将端接好的缆线或者链路接入测试口，打开电源，指示灯按照顺序亮起，可根据亮灯与否和亮灯顺序判断跳线两端的电气连通与否和端接线序是否存在问题。

4）线槽剪刀：布线常用工具之一，主要用于裁剪PVC线槽。使用时手指应远离刀口，快要切断时应用力适当。这里用于剪除非屏蔽双绞线的撕拉线。

5）小黄刀：是综合布线中常用的小工具，可用来剥除双绞线外绝缘层以及压接网络模块（将线芯压入网络模块的塑料线柱中）。

> **任务实施**

网络模块端接是综合布线系统工程施工中极其重要的部分，是每一位综合布线技术人员必须掌握的必备技能之一。请每位同学完成10次网络模块端接任务，要求：线序排列正确；剪除多余线芯并且通过连通性测试。全班划分施工小队，每个小队4人，队内同学可以相互指导，互帮互助完成本任务。

1. 材料和工具准备

每个施工小队根据任务要求计算好完成任务所需材料种类和数量，根据所学理论知识填写网络模块端接材料统计表（见表3-14）及网络模块端接工具清单（见表3-15），并交由老师确认后从老师处领取所需任务材料和工具。

表3-14 网络模块端接材料统计表

序号	名称	规格	数量	实物图
1				
2				

表3-15 网络模块端接工具清单

序号	名称	用途	数量	实物图
1				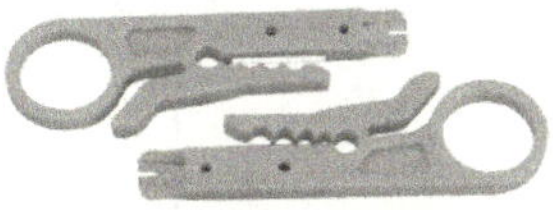
2				
3				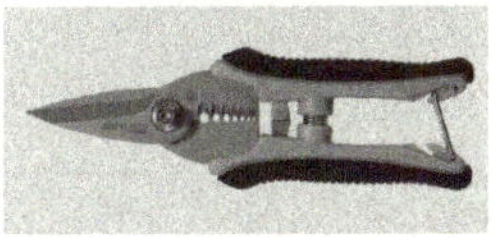

2. 工具和材料入场检验

按照GB/T 50312—2016《综合布线系统工程验收规范》要求,在施工前进行器材的检查并做好记录。网络模块端接所需器材和工具的检查方法如下。

1)网络模块:作为综合布线常用连接器材,在施工前应先检查网络模块外包装上的品牌、型号、规格、数量是否与设计文件要求相符,并通过外观检查查看网络模块各部件是否完整。

2)5e类非屏蔽双绞线:5e类非屏蔽双绞线作为综合布线使用最为广泛的缆线,在施工前应先检查其外包装上的品牌、型号、规格是否与设计文件要求相符;检查缆线的出厂质量检验报告、合格证、出厂测试记录是否齐全;查看外包装上的电气性能参数是否符合工程要求;查看所附标志、标签内容是否齐全、清晰;查看外包装是否注明型号和规格。

3)小黄刀:通过外观检查,外观是否完好,是否无损坏痕迹,两个刀片是否生锈。

4)测线仪:检查测线仪外观是否完好、无损坏痕迹;打开电源开关,观察电源指示灯是否正常闪烁;查看测线仪的质量合格证书等证明文件。

5)线槽剪刀:通过外观检查,外观结构完整无破损痕迹,无生锈痕迹即可。

根据以上检查方法,完成对材料和工具的检查并填写网络模块端接材料及工具检查记录表(见表3-16)。

表3-16 网络模块端接材料及工具检查记录表

序号	材料或工具名称	检查方法	检查项目	检查结果
1				
2				
3				
4				
5				

检查人员签字: 检查日期:

材料和工具准备齐全，检查无误之后，按照任务实施要求完成任务。

3. 网络模块端接

1）首先将网线放入剥线器中，顺时针方向旋转剥线器1～2周，然后用力取下护套，剥除长度为30mm，如图3-62所示，因为刀片没有完全将护套划透，因此不会损伤线芯。

11-网络模块端接

2）用线槽剪刀剪掉撕拉线，如图3-63所示。

3）拆开4对双绞线按照网络模块外壳侧面色标的线序，将4对双绞线拆开排好，用手将8根线芯压入网络模块对应的8个塑料线柱刀片中，如图3-64所示，注意检查线序是否正确。

图3-62　剥除护套

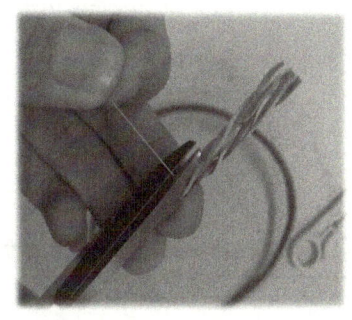
图3-63　剪掉撕拉线

图3-64　排线序

4）用小黄刀将8根线芯压到塑料线柱底部，如图3-65所示。压接完成后用线槽剪刀将多余的线芯剪除，如图3-66所示。

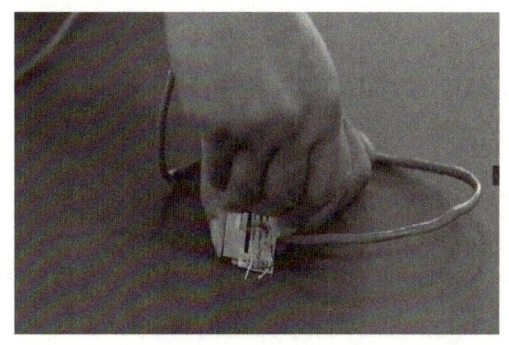
图3-65　打线

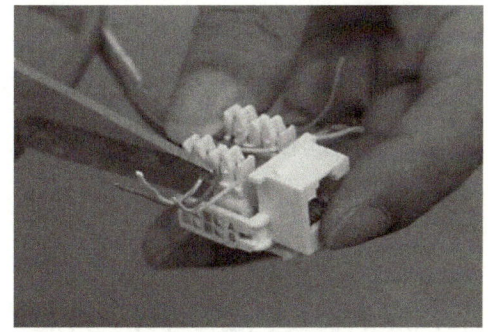
图3-66　剪除多余线芯

5）另一端再次完成网络模块端接操作，取两个直通型网络跳线分别插接在网络模块上，将网络跳线的另一端插入测线仪中观察指示灯的反应，每芯线对应的左右2个指示灯按照12345678顺序同时反复闪烁为端接正确，如果不按顺序亮起则线序错误，如果有指示灯不亮，则表明对应线芯未能完成电气连接。

4. 网络模块端接测试

取两根直通型网络跳线分别插接在网络模块上，将网络跳线的另一端插入测线仪中，观察测线仪指示灯闪烁顺序。如果端接正确，每芯线对应的左右2个指示灯按照12345678顺序同时反复闪烁。如果端接不正确，指示灯闪烁将会出现异常情况，具体发生哪些错误可以通过指示灯闪烁情况来判断，并选择对应方法解决（见表3-17）。

表3-17　连通性测试中可能存在的问题及解决方案

问题表现	问题原因	解决方案
指示灯闪烁顺序混乱	两端线序错乱	查看网络模块两端线序，寻找错误的一端，拆除错误端的网络模块并重新端接，如果两端均有错误则两端重做
有个别指示灯不亮	对应的线芯未能形成有效电气连接	查看网络模块端接位置的线芯是否压接到网络模块接线口底部，将错误的一端重新压接，如果两端都没有压接到网络模块底部，则两端均需要重新压接
指示灯全部不亮	网络模块端接不到位，或者网络模块故障	首先检查网络模块是否压接到位，如果网络模块没有压接或者压接不到位，重新压接后再测试，如果重新压接后指示灯依旧不亮，拆除重做，重做后依旧不亮，更换网络模块重新端接
有多个指示灯同时亮起	对应线芯出现连通现象	拆除网络模块重做可以解决，如果未能解决考虑网络模块问题，更换网络模块重做

5. 网络模块端接验收

因为网络模块端接属于永久链路端接的一部分，在综合布线系统工程中通常会直接对通信链路进行验收，国标中也没有单独针对网络模块进行验收工作的规定。本书根据工程经验，给出以下验收标准，请各位同学根据以下条件对本书网络模块端接进行验收。

1）线芯：压接完成后多余线芯必须剪去，线芯不可裸露在网络模块之外。

2）测试连通性：通过连通性测试。

3）端接牢固：线芯端接至塑料线柱底部，保证线芯端接牢固不松动。

按照表3-18所示内容逐项审查自己的任务成果，要求每一项都能做到最好，完成任务实施后按照下表要求进行评分，并邀请同学和老师给自己的任务成果进行评分。

表3-18　网络模块端接任务评分表

评分人员	线芯（20分）	连通性测试（40分）	线序（40分）	合计
自我评分				
同学评分				
教师评分				

学习任务5　网络配线架端接

知识目标

- 了解任务所需材料。
- 了解任务所需工具。
- 明确配线架安装要点。
- 了解配线架安装过程。

能力目标

- 能正确选取任务所需材料。
- 能正确选取任务所需工具。
- 掌握配线架安装技术。
- 会使用测线仪测试连通性。

素质目标

- 培养学生的职业技能。
- 培养学生精益求精的工作态度。
- 培养学生团结合作的工作能力。

知识准备

1. 网络配线架的应用

网络配线架常用于水平配线的楼层管理间，是用来对网络进行集成和管理的设备，防止长时间插拔导致接口的松动和损坏，保证布线系统长期稳定运行。

配线架的定位是对前端信息点进行管理的模块化设备。前端的信息点线缆（超5类或者6类线）进入设备间后首先进入配线架，将线打在配线架的模块上，然后用跳线（RJ-45接口）连接配线架与交换机。如果没有配线架，前端的信息点直接接入交换机上，线缆一旦出现问题，就面临要重新布线；如果没有配线架，网络管理上也比较混乱，多次插拔可能引起交换机端口的损坏。配线架的存在就解决了这个问题，可以通过更换跳线来实现较好的管理。

2. 网络配线架的分类

目前市面上常见的网络配线架主要有一体式配线架、模块化配线架、角型配线架等，其中以一体式配线架居多。

（1）一体式配线架　一体式配线架从外观看来，24个RJ-45插孔封装在配线架骨架里，连成一体。其内部结构一般为6个RJ-45插孔共用一个电路板。这种配线架的优点在于生产工艺成熟，并且生产耗材低，相对其他类型的配线架，一体式配线架的价格便宜且施工工艺简单，施工人员只需将线缆安装到配线架上即可，一体式配线架因此深受综合布线施工人员喜爱。

（2）模块化配线架　模块化配线架就是将网络配线架的每个RJ-45信息插孔独立封装，再一起组装到配线架骨架里。采用这种结构方案的优点是每个信息插孔均独立使用一块电路板，并且使用PC胶料将每个信息插孔封装在一个独立的空间里。从传输性能看，模块化配线架各个信息插孔间互相独立，接入模块化配线架的信息系统互相间的干扰微乎其微，增强了接入系统的抗外部干扰能力。模块化配线架由于采用独立式结构方案，用户在使用模块化配线架时，可以根据实际设计方案需求，对RJ-45接口进行增加或者删减，甚至可以改用RJ-11接口。模块化配线架不仅比一体式配线架更加灵活，更具有兼容性，还可以减少布线施工的不必要浪费，节省布线空间。

（3）角型配线架　当机柜空间充足时，使用网络配线架加理线架的结构方案是可行的。但是当机柜空间有限时，使用结构方案便会占用过多的机柜资源。在互联网高速发展、机柜资源日益短缺的今天，这种结构方案的缺陷日益凸显。

针对网络配线架加理线架占用过多机柜资源这一情况，综合布线厂家推出了一种新的网络配线架——角型配线架。这种配线架将原本排列在同一直线上的信息插孔从中间一分为二，做折断式处理。中间的连接处安装旋转螺钉，使用者可以根据需求将配线架做0°～120°的旋转。使用这种配线架不仅可以隔离线缆间的部分串扰，还可以将线缆自动分为两部分，并且进行阶梯式理线。使用者只需根据信息插孔长度来布线，跳线跳接到下一个RJ-45接口不需要借助理线架。这样就可以节省出1U的机柜空间。

角型配线架的缺点在于其结构比模块化配线架和一体式配线架更复杂。因此，其生产工艺更复杂，所需的生产材料更多，价格也就更高。角型配线架对安装机柜有一定的要求。一般深度为800mm的机柜才能使用角型配线架，普通的机柜使用角型配线架会面临机柜门无法关闭的问题。

3. 一体式配线架组成结构

市面上一体式配线架最为常见，本书以一体式配线架为例介绍配线架结构。一体式配线架结构可以分为金属骨架、RJ-45接口、集成电路、塑料线柱、色标标记等几个部分。

1）色标：一般在配线架背面标识出端接线序，不同厂家的网络模块因为集成电路设计路线不同，导致端接线序不同。网络配线架端接时，必须按照产品的线序色谱标识进行。

2）塑料线柱：配线架背面有两排塑料线柱，每8个塑料线柱为一组，每一组塑料线柱都有序号标注，对应着配线架前端相应序号的RJ-45接口。每个塑料线柱中都有一个钢制刀片，可端接一根线芯，塑料线柱应能满足工作环境温度-10℃～60℃永久不变形的可靠工作需要，通过焊接的方式与配线架内部的集成电路板相连，实现连通。

3）集成电路板：集成电路板为网络模块中的核心部件，一般一体式配线架6个信息插孔共享一块电路板，不同品牌的配线架电路板一般不同，导致色标线序存在一定差异，端接时要按照色标标准进行端接。集成电路板通过焊接方式与8个刀片和8根弹簧插针相连，实现电气连通。

4）水晶头插口：插口内有8根弹簧插针，插针一端通过焊接方式固定在电路板上，整根插针与电路板保持30°的夹角，水晶头插入时，8根弹簧插针与水晶头上的8个金属刀片紧密接触，实现配线架和水晶头的电气连通。

4. 一体式配线架端接线序

不同厂家生产的一体式配线架因为电路板电路设计不同，导致端接时线序存在一定的差异。不过在一体式配线架背面有T568A和T568B两种线序的色标，如图3-67所示，只需要按对应线序的色标顺序端接即可。

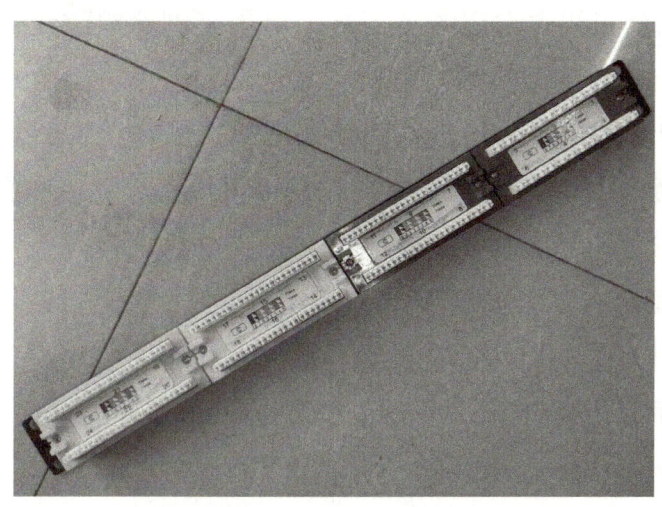

图3-67　一体式配线架背面色标

5. 一体式配线架端接原理

一体式配线架端接原理与网络模块的端接原理相同，利用压线钳的压力将8根线逐一压接到网络模块的8个接线口，同时剪掉多余的线头。在压接过程中刀片首先快速划破线芯绝缘层，与铜线芯紧密接触实现刀片与线芯的电气连接，这8个刀片通过电路板与RJ-45接口的8根弹簧连接。

在进行一体式配线架端接时，根据一体式配线架的结构，按照端接顺序和位置，将每对双绞线拆开并且端接到对应的位置，每对线拆开的长度越短越好，不能为了端接方便而将线对拆开很长，特别是在6类、7类系统端接时，这将直接影响永久链路的测试结果和传输速率。

6. 一体式配线架端接所需材料和工具

一体式配线架端接所需材料：水晶头、5e类非屏蔽双绞线、一体式配线架。

一体式配线架端接所需工具：小黄刀、测线仪、打线刀（见图3-68）。

材料和工具功能如下。

1）水晶头：水晶头是一种能沿固定方向插入并自动防止脱落的塑料接头，专业术语为RJ-45连接器（RJ-45是一种网络接口规范，类似的还有RJ-11接口，就是平常所用的

图3-68　打线刀

电话接口，用来连接电话线）。水晶头适用于设备间或水平子系统的现场端接，外壳材料采用高密度聚乙烯。每条双绞线两头通过安装水晶头与网卡、网络连接器件或者网络设备相连。

2）5e类非屏蔽双绞线：常用的非屏蔽双绞线电缆种类为U/UTP，非屏蔽外护套结构，非屏蔽的两芯对绞线对电缆，简称非屏蔽电缆。非屏蔽双绞线电缆的色谱由1个主色（白色）和4个副色（蓝、橙、绿、棕）组成，具体色谱为白橙、橙、白蓝、蓝、白绿、绿、白棕、棕。

3）小黄刀：是综合布线中常用的小工具，可用来剥除双绞线外绝缘层以及压接网络模块（将线芯压入网络模块的塑料线柱中）。

4）测线仪：常用于网络管理中进行简单的网络通断测试，将端接好的网络跳线两端接入测试口，打开电源，指示灯按照顺序亮起，可根据亮灯与否和亮灯顺序判断跳线两端的电气连通与否和端接线序是否存在问题。

5）打线刀：打线刀主要用于配线架、网络模块等端接打线。打线刀内置钢带和弹簧，具有高冲压式压线功能。打线时应注意打线工作端部是否良好，刀刃是否锋利。打线时应对准模块卡槽，垂直快速打下，并且用力适当。

6）一体式配线架：一体式配线架是设备间和管理间中最重要的组件，是实现垂直干线和水平布线两个子系统交叉连接的枢纽。一体式配线架通常安装在机柜内。在综合布线系统工程中，从信息点过来的双绞线全部端接在配线架上。非屏蔽网络配线架一般是一体式配线架，即网络模块与支架集成在一起成为一个整体。一体式配线架正面为RJ-45接口，用于插接跳线，国标要求插拔次数500次以上。插口下方印有插口编号，一般从左向右编号为1~24。背面为网络双绞线的端接口。其组成结构、端接方式均与网络模块相同。

> **任务实施**

网络配线架作为管理子系统的重要组成部分，负责信息点的汇集和转接任务，是综合布线系统工程施工中极其重要的部分，每一位综合布线技术人员必须熟练掌握网络配线架端接技术。请每位同学完成5个端口配线架端接任务（以一体式配线架为例），要求：线序排列正确；剪去多余线芯并且通过连通性测试。全班划分施工小队，每个小队4人，队内同学可以相互指导，互帮互助完成本任务。

1. 材料和工具准备

每个施工小队根据任务要求计算好完成任务所需材料种类和数量，根据所学理论知识填写配线架端接材料统计表（见表3-19）及配线架端接工具清单（见表3-20），并交由老师确认后从老师处领取所需任务材料和工具。

表3-19 配线架端接材料统计表

序号	名称	规格	数量	实物图
1				
2				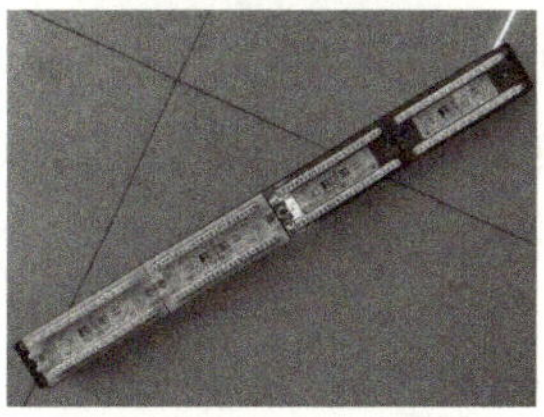
3				

表3-20 配线架端接工具清单

序号	名称	用途	数量	实物图
1				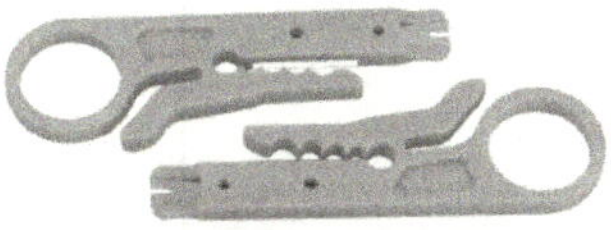
2				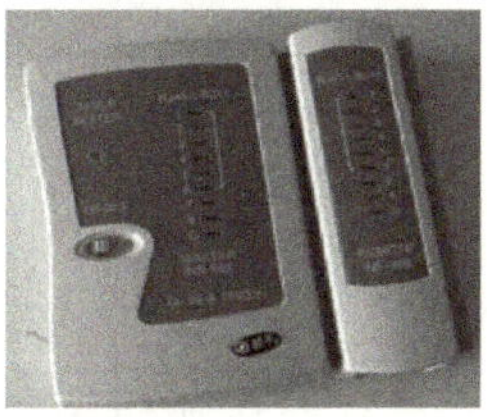
3				

2. 材料和工具入场检验

按照GB/T 50312—2016《综合布线系统工程验收规范》要求，在施工前进行器材的检查并做好记录。配线架端接所需器材和工具的检查方法如下。

1）水晶头：水晶头作为综合布线常用连接器材，在施工前应先检查水晶头外包装上的品牌、型号、规格、数量是否与设计文件要求相符，并通过外观检查水晶头各部件是否完整。

2）一体式配线架：作为综合布线常用连接器材，在施工前应先检查配线架外包装上的品牌、型号、规格、数量是否与设计文件要求相符，并通过外观检查配线架各部件是否完整。

3）5e类非屏蔽双绞线：5e类非屏蔽双绞线作为综合布线使用最为广泛的缆线，在施工前应先检查其外包装上的品牌、型号、规格是否与设计文件要求相符；检查缆线的出厂质量检验报告、合格证、出厂测试记录是否齐全；查看外包装上的电气性能参数是否符合工程要求；查看所附标志、标签内容是否齐全、清晰；查看外包装是否注明型号和规格。

4）小黄刀：通过外观检查测线仪外观是否完好，无损坏痕迹，两个刀片是否生锈。

5）测线仪：检查测线仪外观是否完好、无损坏痕迹；打开电源开关，观察电源指示灯是否正常闪烁；查看测线仪的质量合格证书等证明文件。

6）打线刀：通过外观检查，外观结构完整无破损痕迹，无生锈痕迹即可。

根据以上检查方法，完成对材料和工具的检查并填写配线架端接材料及工具检查记录表（见表3-21）。

表3-21 配线架端接材料及工具检查记录表

序号	材料或工具名称	检查方法	检查项目	检查结果
1				
2				
3				
4				
5				
6				

检查人员签字：　　　　　　　　　　　检查日期：

材料和工具准备齐全，检查无误之后，按照任务实施要求完成任务。

3. 一体式配线架端接

1）剥掉绝缘层：使用剥线器在距离网络双绞线末端30mm处，沿外皮旋转一周，沿双绞线轴线向外取掉外绝缘层。取掉外绝缘层时不允许反复弯折线缆。特别注意，剥线前剪掉双绞线端头破损部分，剥线时不能损伤8根导线的绝缘层。

12-网络配线架端接

2）拆开8根线：首先将双绞线线芯根据绞对拆成4对单绞线，然后将4对单绞线拆成8根线，如图3-69所示。

3）将线压入一体式配线架塑料线柱内：首先将剥好的双绞线平行放入配线架的背面塑料线柱中，其护套边沿应在配线模块的中间位置。然后按照配线架上的颜色标示，将8根线逐根压入一体式配线架端口对应的塑料线柱中，注意线要排列整齐，不能缠绕交叉，如图3-70所示。

图3-69　拆开8根线

图3-70　将线压入塑料线柱中

4）打线：用打线刀对准塑料线柱内的线芯，沿垂直方向用力压，在听到"咔嗒"声后，即可认为线芯压接完成，如图3-71所示。打线完成后，如果在塑料线柱外有没被打断的线，就用线槽剪刀剪掉，如图3-72所示。

图3-71　打线

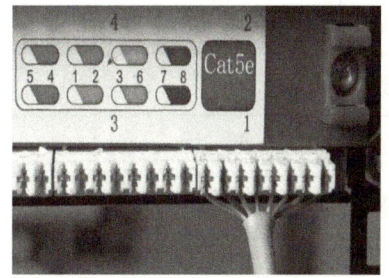
图3-72　打线完成

4. 一体式配线架测试

在双绞线的另一头用相应的线序端接一个RJ-45水晶头，将水晶头插入测线仪中，再重新制作一根采用相同线序的直通型网络跳线，将制作好的直通型网络跳线一端插入配线架正面对应序号的水晶头接口中，网络跳线的另一端插入测线仪中，若指示灯按12345678的顺序依次亮起，则端接正确。如果端接不正确，指示灯闪烁将会出现异常情况，具体发生哪些错误可以通过指示灯闪烁情况来判断，并选择对应方法解决（见表3-22）。

表3-22 连通性测试中可能存在的问题及解决方案

问题表现	问题原因	解决方案
指示灯闪烁顺序混乱	两端线序错乱	查看双绞线两端线序，寻找错误的一端，拆除错误端并重新端接，如果两端均有错误则两端重做
有个别指示灯不亮	对应的线芯未能形成有效电气连接	查看端接位置的线芯是否压接到接线口底部，将错误的一端重新压接，如果两端都没有压接到接线口底部，则两端均需要重新压接
指示灯全部不亮	线芯端接不到位	首先检查线芯是否压接到位，如果没有压接或者压接不到位，则重新压接后再测试；如果重新压接后指示灯依旧不亮，则拆除重做
有多个指示灯同时亮起	对应线芯出现连通现象	拆除有问题的一端重做

5. 一体式配线架端接验收

因为配线架端接属于永久链路端接的一部分，在综合布线系统工程中通常会直接对通信链路进行验收，国标中也没有单独针对配线架进行验收工作的规定。本书根据工程经验，给出以下验收标准，请各位同学根据以下条件对本书配线架端接任务进行验收。

1）线芯：多余线芯必须剪去，端接时线芯长度合适，端接完成后线芯端接至塑料线柱底部。

2）端接线序：按照配线架背面色标线序完成端接。

3）测试连通性：通过连通性测试。

按照表3-23所示内容逐项审查自己的任务成果，要求每一项都能做到最好，完成任务实施后按照下表要求进行评分，并邀请同学和老师给自己的任务成果进行评分。

表3-23 网络配线架端接任务评分表

评分人员	线芯（20分）	连通性测试（40分）	端接线序（40分）	合 计
自我评分				
同学评分				
教师评分				

学习任务6　110型通信跳线架端接

📖 知识目标

- 了解任务所需材料。
- 了解任务所需工具。
- 明确110型通信跳线架安装要点。

- 了解110型通信跳线架安装过程。

能力目标

- 能正确选取任务所需材料。
- 能正确选取任务所需工具。
- 掌握110型通信跳线架安装技术。
- 会使用测线仪测试连通性。

素质目标

- 培养学生的职业技能。
- 培养学生精益求精的工作态度。
- 培养学生团结合作的工作能力。

知识准备

1. 110型通信跳线架的应用

110型通信跳线架在综合布线系统中主要用于语音配线系统，俗称鱼骨架，端接时使用专用打线刀可将线对依次冲压端接到跳线架上，完成大对数电缆的端接。110型通信跳线架有时也应用于网络系统，在信息点较多的综合布线系统中，可以利用大对数电缆结合110型通信跳线架完成对语音、数据信息点的转接，减少大量缆线的应用，节约成本。

2. 110型通信跳线架的组成结构

110型通信跳线架由标准U支架和高强度塑料鱼骨两个部分组成，如图3-73和图3-74所示，而且连接块作为110型通信跳线架的专属配件。

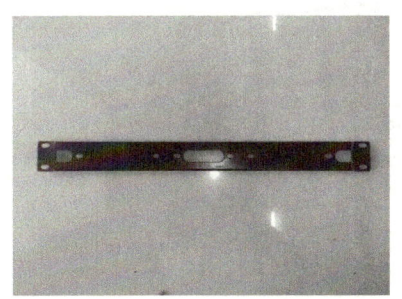

图3-73 标准U支架

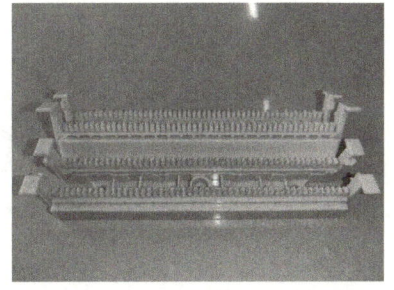

图3-74 高强度塑料鱼骨

1）标准U支架：是高强度塑料鱼骨的固定支架，规格为标准的1U。

2）高强度塑料鱼骨：由阻燃的模块塑料组成，其上装有两排齿形条，用于端接线芯。

3. 110型通信跳线架端接原理

110型通信跳线架一般使用5对连接块，5对连接块中间有5个双头刀片，每个刀片两头分别压接一根线芯，实现两根线芯的电气连接。

110型通信跳线架端接时，先将线芯安置在高强度塑料鱼骨的齿形条上，在齿形条上放置5对连接块，用压线工具对5对连接块进行第一次压接，通过这次压接使5对连接块固定在高强度塑料鱼骨上，同时5对连接块下层刀片划破线芯绝缘层接触金属线芯，实现可靠的电气连接；在5对连接块上层逐一放置线芯，安置好线芯后进行第二次压接，在压接过程中5对连接块上层刀片快速划破线芯绝缘层，然后与铜线芯紧密接触实现刀片与线芯的电气连接，这样5对连接块刀片上下两层都实现了电气连接，两端的线缆通过金属刀片中转，实现了可靠电气连接。图3-75为5对连接块在压线前的结构，图3-76为5对连接块在压线后的结构。

在110型通信跳线架端接过程中，使用压线工具将线芯用机械力量压入两个刀片中，在压入过程中刀片将绝缘层划破与铜线芯紧密接触，同时金属刀片的弹性将铜线芯长期夹紧，从而实现长期稳定的电气连接，如图3-77所示。

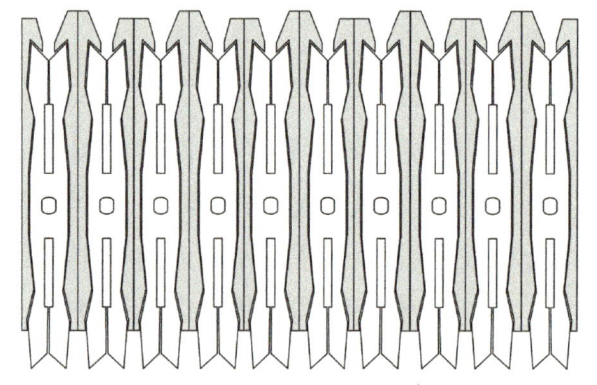

图3-75　5对连接块在压线前的结构

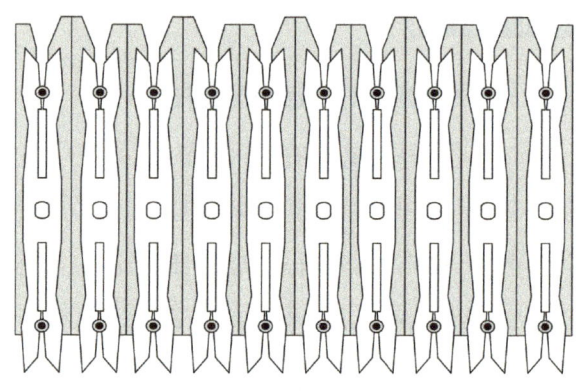

图3-76　5对连接块在压线后的结构

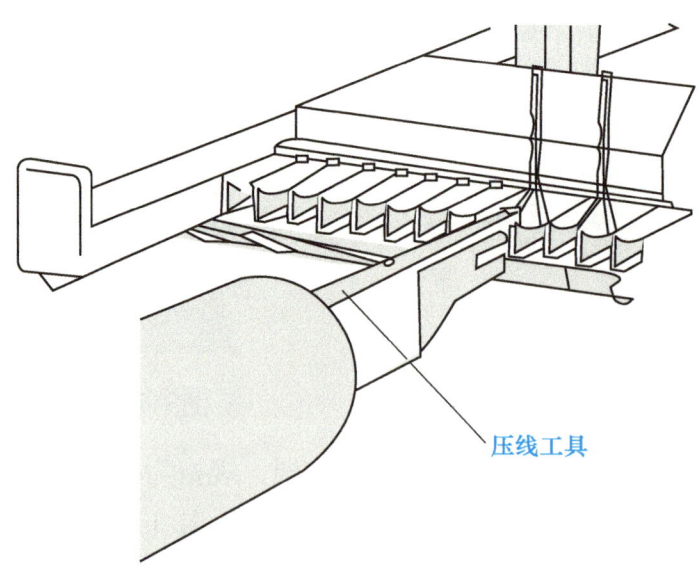

图3-77　使用压线工具将线芯压入两个刀片中

4. 110型通信跳线架端接所需材料和工具

110型通信跳线架端接所需材料：110型通信跳线架（见图3-78）、5对连接块（见

图3-79）、5e类非屏蔽双绞线、水晶头、大对数电缆（见图3-80）。

110型通信跳线架端接所需工具：打线刀、小黄刀、测线仪、线槽剪刀。

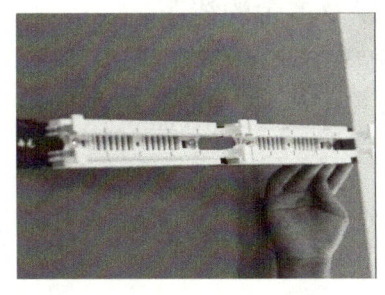
图3-78　110型通信跳线架

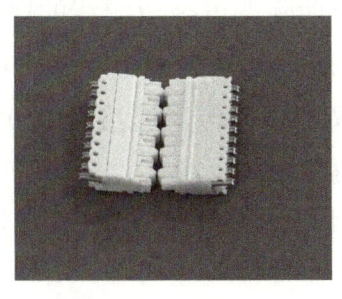
图3-79　5对连接块

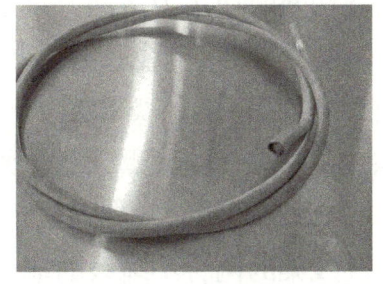
图3-80　大对数电缆

材料和工具的功能如下。

1）110型通信跳线架：110型通信跳线架在综合布线系统中主要用于语音配线系统，俗称鱼骨架，端接时使用专用打线刀可将线对依次冲压端接到跳线架上，完成大对数电缆的端接。110型通信跳线架有时也应用于网络系统，在信息点较多的综合布线系统中，可以利用大对数电缆结合110型通信跳线架完成对语音、数据信息点的转接，减少大量缆线的应用，节约成本。

2）5对连接块：由于大对数电缆都是5的倍数，如25对电缆，如果仅使用4对连接块，用6个就会多出一对线，用5个则多出5对线。而5对连接块的出现，很好地解决了这一问题（5对连接块×5=25对）。因此，对于大对数电缆来说，使用5对连接块可方便凑数。通信跳线架一般使用5对连接块，5对连接块中间有5个双头刀片，每个刀片两头分别压接一根线芯，实现两根线芯的电气连接。

3）5e类非屏蔽双绞线：常用的非屏蔽双绞线电缆种类为U/UTP，非屏蔽外护套结构，非屏蔽的两芯对绞线对电缆，简称非屏蔽电缆。非屏蔽双绞线电缆的色谱由1个主色（白色）和4个副色（蓝、橙、绿、棕）组成，具体色谱为白橙、橙、白蓝、蓝、白绿、绿、白棕、棕。

4）打线刀：打线刀主要用于网络配线架、网络模块等端接打线。打线刀内置钢带和弹簧，具有高冲压式压线功能。打线时应注意打线工作端部是否良好，刀刃是否锋利。打线时应对准模块塑料线柱，垂直快速打下，并且用力适当。

5）小黄刀：是综合布线中常用的小工具，可用来剥除双绞线外绝缘层以及压接模块（将线芯压入模块的塑料线柱中）。

6）测线仪：常用于网络管理中进行简单的网络通断测试，将端接好的网络天线两端接入测试口，打开电源，指示灯按照顺序亮起，可根据亮灯与否和亮灯顺序判断跳线两端的电气连通与否和端接线序是否存在问题。

7）水晶头：水晶头是一种能沿固定方向插入并自动防止脱落的塑料接头，专业术语为RJ-45连接器（RJ-45是一种网络接口规范，类似的还有RJ-11接口，就是平常所用的电话接口，用来连接电话线）。水晶头适用于设备间或水平子系统的现场端接，外壳材料采用高密度聚乙烯。每条双绞线两头通过安装水晶头与网卡、网络连接器件或者网络设备相连。

8）线槽剪刀：布线常用工具之一，主要用于剪切PVC线槽。使用时手指应远离刀口，快要切断时应用力适当。这里用于剪除非屏蔽双绞线的撕拉线以及多余的线芯。

9）大对数电缆：大对数电缆是由25对具有绝缘保护层的铜导线组成的。它有3类25对大对数双绞线、5类25对大对数双绞线，传输速度为100MHz。导线色彩由蓝、橙、绿、棕、灰和白、红、黑、黄、紫编码组成。

110型通信跳线架通常用于端接大对数线，也可以端接双绞线，下面分别学习110型通信跳线架的两种不缆线的端接技能。

任务实施

1. 110型通信跳线架端接（大对数线端接）

110型通信跳线架作为管理子系统的重要组成部分，负责信息点的汇集和转接任务，是综合布线系统工程施工中极其重要的部分，每一位综合布线技术人员必须熟练掌握110型通信跳线架端接技术。请每一位同学完成一次110型通信跳线架端接（大对数线端接）任务，要求：线序排列正确；剪除多余线芯并且通过连通性测试。全班划分施工小队，每个小队4人，队内同学可以相互指导，互帮互助完成本任务。

（1）材料和工具准备　每个施工小队根据任务要求计算好完成任务所需材料种类和数量，根据所学理论知识填写110型通信跳线架端接（大对数线端接）材料统计表（见表3-24）及110型通信跳线架端接（大对数线端接）工具清单（见表3-25），并交由老师确认后从老师处领取所需任务材料和工具。

表3-24　110型通信跳线架端接（大对数线端接）材料统计表

序号	名称	规格	数量	实物图
1				
2				
3				

表3-25　110型通信跳线架端接（大对数线端接）工具清单

序号	名称	用途	数量	实物图
1				
2				

（2）材料和工具入场检验　按照GB/T 50312—2016《综合布线系统工程验收规范》要求，在施工前进行器材的检查并做好记录。110型通信跳线架端接（大对数线端接）所需器材和工具的检查方法如下。

1）大对数电缆：在施工前应先检查其外包装上的品牌、型号、规格是否与设计文件要求相符；检查缆线的出厂质量检验报告、合格证、出厂测试记录是否齐全；查看外包装上的电气性能参数是否符合工程要求；查看所附标志、标签内容是否齐全、清晰；查看外包装是否注明型号和规格。

2）110型通信跳线架：在施工前检查产品品牌和数量，并通过外观检查，外观结构完整无破损痕迹，无生锈痕迹即可。

3）5对连接块：施工前应先检查其外包装上的品牌、型号、规格是否与设计文件要求相符，通过外观检查，外观结构完整无破损痕迹，无生锈痕迹即可。

4）线槽剪刀：通过外观检查，外观结构完整无破损痕迹，无生锈痕迹即可。

5）测线仪：检查测线仪外观是否完好、无损坏痕迹；打开电源开关，观察电源指示灯是否正常闪烁；查看测线仪的质量合格证书等证明文件。

根据以上检查方法，完成对材料和工具的检查并填写110型通信跳线架端接（大对数线端接）材料及工具检查记录表（见表3-26）。

表3-26　110型通信跳线架端接（大对数线端接）材料及工具检查记录表

序号	材料或工具名称	检查方法	检查项目	检查结果
1				
2				

(续)

序号	材料或工具名称	检查方法	检查项目	检查结果
3				
4				
5				

检查人员签字：　　　　　　　　　　　　检查日期：

材料和工具准备齐全，检查无误之后，按照任务实施要求完成任务。

（3）110型通信跳线架端接（大对数线端接）

1）剥开25对大对数电缆外护套，并剪掉撕拉线。

2）大对数线一共有25对共计50根线芯。线芯色标主色分为：白、红、黑、黄、紫5种，副色分为蓝、橙、绿、棕、灰5种，按照25对大对数电缆色谱将线对分为白、红、黑、黄、紫5组，每组按照副色线序蓝、橙、绿、棕、灰排序，将排好顺序的线芯对拆开放置在110型通信跳线架下层端接口中，如图3-81所示。

3）将5对连接块安装在110型通信跳线架上，如图3-82所示。

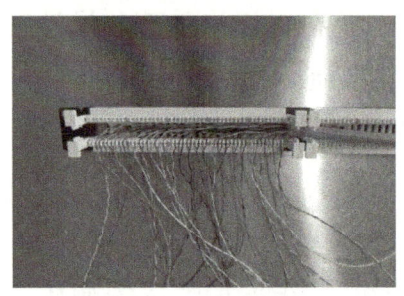
图3-81　安置线芯

图3-82　安装连接块

4）用剪刀剪去多余线芯，如图3-83所示。

5）完成大对数线一端端接，如图3-84所示，用同样的方式完成大对数线另一端端接。

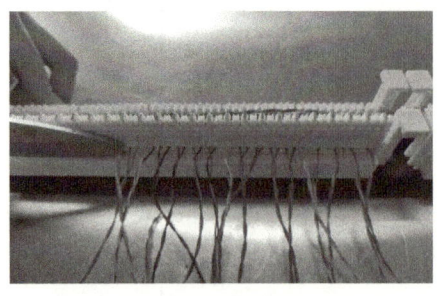
图3-83　剪去多余线芯

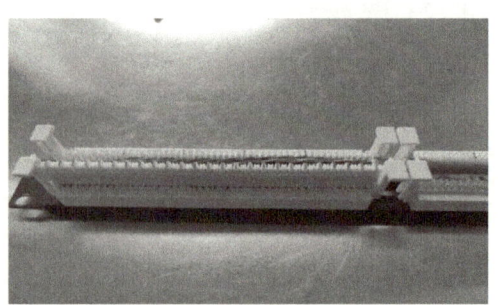
图3-84　完成大对数线一端端接

（4）110型通信跳线架端接（大对数线端接）测试　利用测线仪对大对数线端接成果进行测试，保证每一根线缆都能通过连通性测试。如果有哪一根线缆测试不能通过，则需拆除重做。测试中可能存在的问题及解决方案见表3-27。

表3-27　连通性测试中可能存在的问题及解决方案

问题表现	问题原因	解决方案
有个别指示灯不亮	对应的线芯未能形成有效电气连接	查看端接位置的线芯是否压接到接线口底部，将错误的一端重新压接，如果两端都没有压接到接线口底部，则两端均需要重新压接
指示灯全部不亮	线芯端接不到位	首先检查各端接位置是否压接到位，如果没有压接或者压接不到位，重新压接后再测试，如果重新压接后指示灯依旧不亮，拆除重做
有多个指示灯同时亮起	对应线芯出现连通现象	拆除有问题的一端重做

（5）110型通信跳线架端接（大对数线端接）验收　因为110型通信跳线架端接属于永久链路端接的一部分，在综合布线系统工程中通常会直接对通信链路进行验收，国标中也没有单独针对110型通信跳线架进行验收工作的规定。本书根据工程经验，给出以下验收标准，请各位同学根据以下条件对本书110型通信跳线架端接（大对数线端接）任务进行验收。

1）线芯：多余线芯必须剪去，端接时线芯长度合适。

2）线序：线序排列正确无错误。

3）测试连通性：通过连通性测试。

按照表3-28所示内容逐项审查自己的任务成果，要求每一项都能做到最好，完成任务实施后按照下表要求进行评分，并邀请同学和老师给自己的任务成果进行评分。

表3-28　110型通信跳线架端接（大对数线端接）任务评分表

评分人员	线芯（20分）	连通性测试（40分）	端接线序（40分）	合计
自我评分				
同学评分				
教师评分				

2. 110型通信跳线架端接（双绞线端接）

请每位同学完成3次110型通信跳线架端接（双绞线端接）任务，要求：端接时线芯排列准确；剪除多余线芯并且通过连通性测试。全班划分施工小队，每个小队4人，队内同学可以相互指导，互帮互助完成本任务。

（1）材料和工具准备　每个施工小队根据任务要求计算好完成任务所需材料种类和数量，根据所学理论知识填写110型通信跳线架端接（双绞线端接）材料统计表（见表3-29）及110型通信跳线架端接（双绞线端接）工具清单（见表3-30），并交由老师确认后从老师处领取所需任务材料和工具。

表3-29 110型通信跳线架端接（双绞线端接）材料统计表

序号	名称	规格	数量	实物图
1				
2				
3				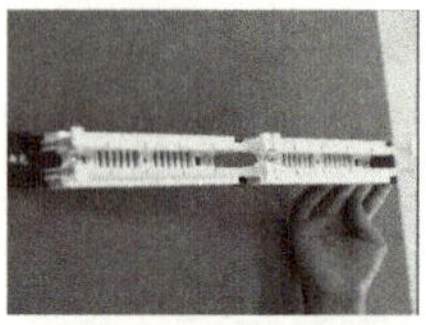
4				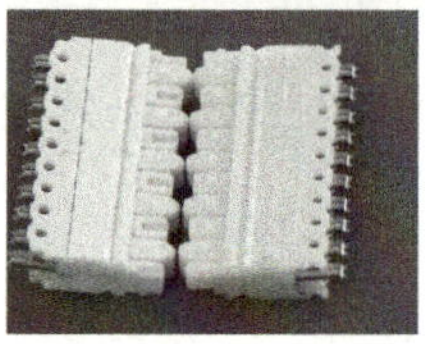

表3-30 110型通信跳线架端接（双绞线端接）工具清单

序号	名称	用途	数量	实物图
1				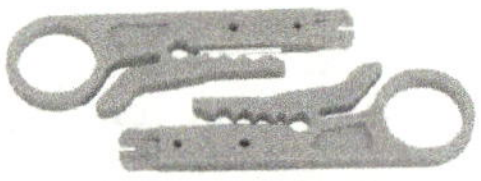
2				
3				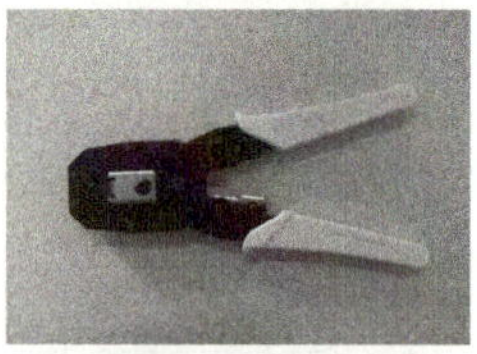
4				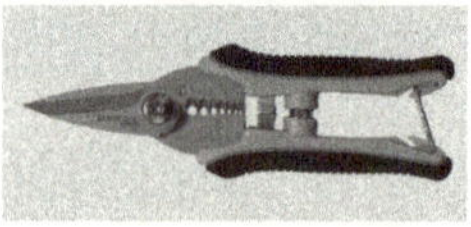

（2）材料和工具入场检验　按照GB/T 50312—2016《综合布线系统工程验收规范》要求，在施工前进行器材的检查并做好记录。110型通信跳线架端接（双绞线端接）任务所需器材和工具的检查方法如下。

1）RJ-45水晶头：水晶头作为综合布线常用连接器材，在施工前应先检查水晶头外包装上的品牌、型号、规格、数量是否与设计文件要求相符，并通过外观检查查看水晶头各部件是否完整。

2）5e类非屏蔽双绞线：5e类非屏蔽双绞线作为综合布线使用最为广泛的缆线，在施工前应先检查其外包装上的品牌、型号、规格是否与设计文件要求相符；检查缆线的出厂质量检验报告、合格证、出厂测试记录是否齐全；查看外包装上的电气性能参数是否符合工程要求；查看所附标志、标签内容是否齐全、清晰；查看外包装是否注明型号和规格。

3）110型通信跳线架：在施工前检查产品品牌和数量，并通过外观检查，外观结构完整无破损痕迹，无生锈痕迹即可。

4）5对连接块：施工前应先检查其外包装上的品牌、型号、规格是否与设计文件要求相符。通过外观检查，外观结构完整无破损痕迹，无生锈痕迹即可。

5）小黄刀：通过外观检查小黄刀外观是否完好，无损坏痕迹，两个刀片是否生锈。

6）测线仪：通过外观检查测线仪外观是否完好，无损坏痕迹；打开电源开关，观察电源指示灯是否正常闪烁；查看测线仪的质量合格证书等证明文件。

7）网线钳：检查网线钳的品牌、型号、规格、数量是否符合设计文件要求；观察网线钳外观是否完整无破损。可以取用一个水晶头进行压接测试，通过观察压接后的水晶头金属刀片以及三角压块是否压接到位，是否存在结构被破坏现象判断网线钳质量。

8）线槽剪刀：通过外观检查，外观结构完整无破损痕迹，无生锈痕迹即可。

根据以上检查方法，完成对材料和工具的检查并填写110型通信跳线架端接（双绞线端接）任务材料及工具检查记录表（见表3-31）。

表3-31　110型通信跳线架端接（双绞线端接）任务材料及工具检查记录表

序号	材料或工具名称	检查方法	检查项目	检查结果
1				
2				
3				
4				
5				

（续）

序号	材料或工具名称	检查方法	检查项目	检查结果
6				
7				
8				

检查人员签字：　　　　　　　　　　　　　检查日期：

材料和工具准备齐全，检查无误之后，按照任务实施要求完成任务。

（3）110型通信跳线架端接（双绞线端接）

1）首先将网线放入剥线器中，顺时针方向旋转剥线器1～2周，然后用力取下护套，剥除长度为30mm，因为刀片没有完全将护套划透，因此不会损伤线芯。

13-110型通信跳线端接

2）用线槽剪刀剪掉撕拉线。

3）拆开4对双绞线线芯，按照白橙、橙、白绿、蓝、白蓝、绿、白棕、棕的顺序排列在110型通信跳线架的下层端接口中，如图3-85所示。

4）将5对连接块安装在110型通信跳线架上，用剪刀剪去多余线芯，如图3-86所示。

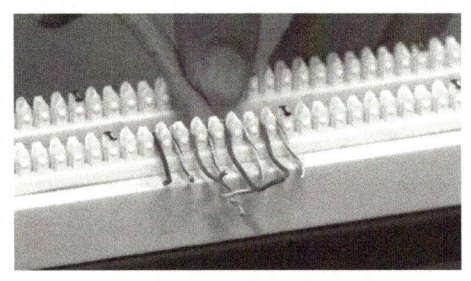

图3-85　线芯排列

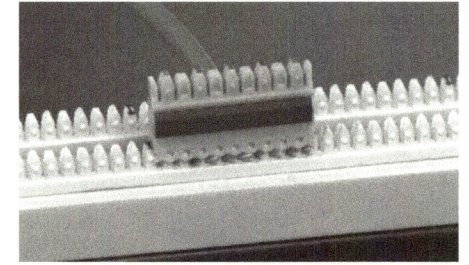

图3-86　安装连接块

5）将第二根双绞线放入剥线器中，顺时针方向旋转剥线器1～2周，然后用力取下护套，剥除长度为30mm，因为刀片没有完全将护套划透，因此不会损伤线芯。

6）用剪刀剪掉第二根双绞线的撕拉线。

7）拆开4对双绞线线芯，按照白橙、橙、白绿、蓝、白蓝、绿、白棕、棕的顺序排列在110型通信跳线架的上层（5对连接块）端接口中，并用剪刀剪去多余线芯。

（4）110型通信跳线架端接（双绞线端接）测试　在两根网络跳线的另一端均端接一个RJ-45水晶头，将两个水晶头分别接入测线仪的测试端口中，打开测试电源进行测试。如果端接不正确，指示灯闪烁将会出现异常情况，具体发生哪些错误可以通过指示灯闪烁情况来判断，并选择对应方法解决（见表3-22）。

（5）110型通信跳线架端接（双绞线端接）任务验收　本书根据工程经验，给出以下验收标准，请各位同学根据以下条件对本书110型通信跳线架端接（双绞线端接）任务进行验收。

1）跳线架下层：多余线芯必须剪去，端接时线芯长度合适。

2）跳线架上层：线芯端接至塑料线柱底部，保证线芯端接牢固不松动，剪去多余线芯。

3）端接线序：线芯排列正确无错误（上下两层线芯均按照白蓝、蓝、白橙、橙、白绿、绿、白棕、棕的线序排列）。

4）测试连通性：通过连通性测试。

按表3-32所示内容逐项审查自己的任务成果，要求每一项都能做到最好，完成任务实施后按照下表要求进行评分，并邀请同学和老师给自己的任务成果进行评分。

表3-32　110型通信跳线架端接（双绞线端接）任务评分表

评分人员	跳线架下层（20分）	跳线架上层（20分）	端接线序（30分）	连通性测试（30）	合计
自我评分					
同学评分					
教师评分					

学习任务7　永久链路端接

📖 知识目标

- 了解任务所需材料。
- 了解任务所需工具。
- 明确永久链路安装要点。
- 了解永久链路安装过程。

🎯 能力目标

- 能正确选取任务所需材料。
- 能正确选取任务所需工具。
- 掌握永久链路安装技术。
- 会使用测线仪测试连通性。

✅ 素质目标

- 培养学生的职业技能。
- 培养学生精益求精的工作态度。
- 培养学生团结合作的工作能力。

> 知识准备

1. 永久链路的应用

水平子系统的原理实际上就是永久链路。永久链路用于楼层管理间和终端设备之间的网络信息传输，便于布线系统安装、使用和维护。

2. 永久链路模型

永久链路又称固定链路，由水平电缆两端的接插件（一端为工作区信息插座，一端为楼层配线设备）和链路可选的转接连接器组成，如图3-87所示，其中水平电缆最长为90m。

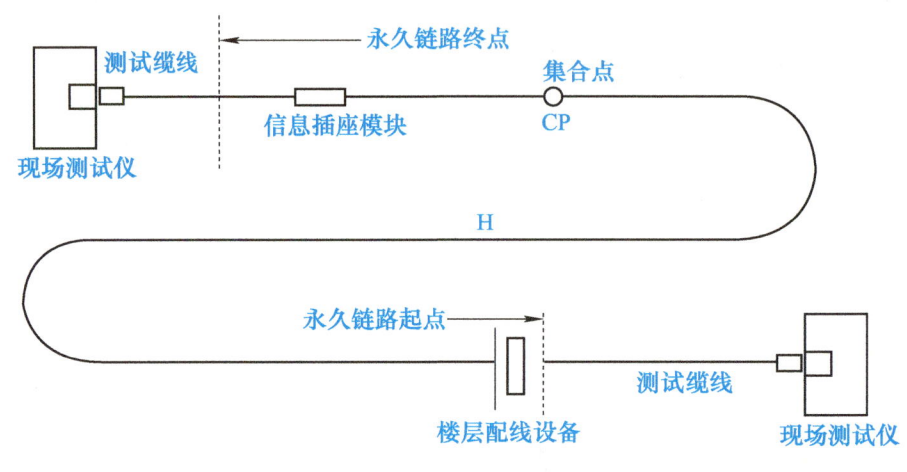

图3-87　永久链路模型

3. 永久链路端接线序

在铜缆端接中一共有两种线序，分别是T568A线序和T568B线序，在端接过程中需要结合实际情况进行线序选择，所有端接口都需要按照一个统一线序标准进行端接。比如选择T568B线序端接，则水晶头按照T568B的白橙、橙、白绿、蓝、白蓝、绿、白棕、棕线序端接，一体式配线架则按照配线架背面标注的T568B线序端接，110型通信跳线架上层和下层的线序也必须保持一致。

4. 永久链路端接所需工具和材料

永久链路端接所需材料：水晶头、5e类非屏蔽双绞线、一体式配线架、110型通信跳线架、5对连接块、5e类非屏蔽网络模块。

永久链路端接所需工具：网线钳、测线仪、打线刀、线槽剪刀、小黄刀。

材料和工具功能如下。

1）水晶头：水晶头是一种能沿固定方向插入并自动防止脱落的塑料接头，专业术语为RJ-45连接器（RJ-45是一种网络接口规范，类似的还有RJ-11接口，就是平常所用的电话接口，用来连接电话线）。水晶头适用于设备间或水平子系统的现场端接，外壳材料采用高密度聚乙烯。每条双绞线两头通过安装水晶头与网卡、网络连接器件或者网络设备相连。

2）5e类非屏蔽网络双绞线：常用的非屏蔽双绞线电缆种类为U/UTP，非屏蔽外护套结构，非屏蔽的两芯对绞线对电缆，简称非屏蔽电缆。非屏蔽双绞线电缆的色谱由1个主色（白色）和4个副色（蓝、橙、绿、棕）组成，具体色谱为白橙、橙、白蓝、蓝、白绿、绿、白棕、棕。

3）网线钳：网线钳主要用于压接RJ-45水晶头，同时具备剥线和剪线功能。压线钳的8个卡齿自动对接水晶头的8个刀片，刀口平整，一次整齐压接到位，位置正确。有些多功能网线钳还有压接RJ-11水晶头等功能，同时在刀片外面安装有安全挡板，防止刀片割伤手指。

4）测线仪：测线仪常用于网络管理中进行简单的网络通断测试，将端接好的网络天线两端接入测试口，打开电源，指示灯按照顺序亮起，可根据亮灯与否和亮灯顺序判断跳线两端的电气连通与否和端接线序是否存在问题。

5）打线刀：打线刀主要用于网络配线架、网络模块等端接打线。打线刀内置钢带和弹簧，具有高冲压式压线功能。打线时应注意打线工作端部是否良好，刀刃是否锋利。打线时应对准模块卡槽，垂直快速打下，并且用力适当。

6）一体式配线架：一体式配线架是设备间和管理间中最重要的组件，是实现垂直干线和水平布线两个子系统交叉连接的枢纽。一体式配线架通常安装在机柜内。在综合布线系统中，从信息点过来的双绞线电缆全部端接在一体式配线架上。非屏蔽网络配线架一般都是一体式，即网络模块与支架集成在一起成为一个整体。配线架正面为RJ-45接口，用于插接跳线，国标要求插拔次数500次以上。插口下方印有插口编号，一般从左向右为1～24，背面为网络双绞线的端接口。其组成结构、端接方式均与网络模块相同。

7）110型通信跳线架：110型通信跳线架在综合布线系统中主要用于语音配线系统，俗称鱼骨架，端接时使用专用打线刀可将线对依次冲压端接到跳线架上，完成大对数电缆的端接。110型通信跳线架有时也应用于网络系统，在信息点较多的综合布线系统中，可以利用大对数电缆结合110型通信跳线架完成对语音、数据信息点的转接，减少大量缆线的应用，节约成本。

8）5对连接块：由于大对数电缆都是5的倍数，如25对电缆，如果仅使用4对连接块，用6个就会多出一对线，用5个则多出5对线。而5对连接块的出现，很好地解决了这一问题（5对连接块×5=25对）。因此，对于大对数电缆来说，使用5对连接块可方便凑数。通信跳线架一般使用5对连接块，5对连接块中间有5个双头刀片，每个刀片两头分别压接一根线芯，实现两根线芯的电气连接。

9）5e类非屏蔽网络模块：是一种常见综合布线连接器件，常用于工作区信息插座中，前端为RJ-45接口，可提供RJ-45水晶头插接，尾部8个塑料线柱可按照色标端接双绞线的8根线芯，实现网络连接，是工作区子系统的重要组成部分，也是工作区子系统和配线子系统的连接点。

10）线槽剪刀：是综合布线系统工程常用工具之一，主要用于剪切PVC线槽。使用时手指应远离刀口，快要切断时应用力适当。这里用于剪除非屏蔽双绞线的撕拉线。

> 任务实施

1. 基本永久链路端接

永久链路又叫固定链路，配线子系统的通信原理就是永久链路，是综合布线系统工程施工中不可或缺的重要组成部分，每一位综合布线技术人员必须熟练掌握永久链路端接技术。本任务需要完成永久链路中最基础的一种永久链路，又叫基本永久链路，如图3-88所示。请每位同学完成3条基本永久链路任务，要求：端接线序排列准确；剪除多余线芯并且通过连通性测试。全班划分施工小队，每个小队4人，队内同学可以相互指导，互帮互助完成本任务。

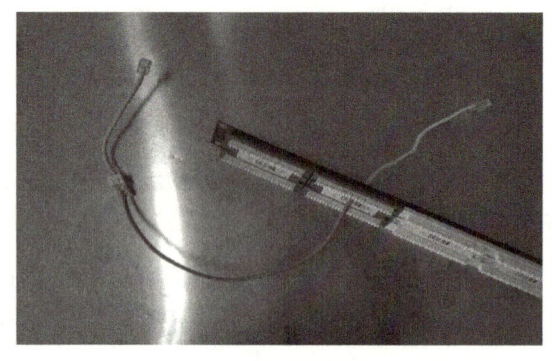

图3-88 基本永久链路

（1）材料和工具准备　每个施工小队根据任务要求计算好完成任务所需材料种类和数量，根据所学理论知识填写基本永久链路端接材料统计表（见表3-33）及基本永久链路端接工具清单（见表3-34），并交由老师确认后从老师处领取所需任务材料和工具。

表3-33　基本永久链路端接材料统计表

序号	名称	规格	数量	实物图
1				
2				
3				
4				

表3-34 基本永久链路端接工具清单

序号	名称	用途	数量	实物图
1				
2				
3				
4				

（2）材料和工具入场检验　按照GB/T 50312—2016《综合布线系统工程验收规范》要求，在施工前进行器材的检查并做好记录。基本永久链路端接所需器材和工具的检查方法如下。

1）水晶头：水晶头作为综合布线常用连接器材，在施工前应先检查水晶头外包装上的品牌、型号、规格、数量是否与设计文件要求相符；通过外观检查查看水晶头各部件是否完整。

2）5e类非屏蔽网络模块：是综合布线常用连接器件，常用于工作区信息插座中，前端为RJ-45接口，可提供水晶头插接，尾部8个塑料线柱可按照色标端接双绞线的8根线芯，实现网络连接，是工作区子系统的重要组成部分，也是工作区子系统和配线子系统的连接点。

3）5e类非屏蔽双绞线：5e类非屏蔽双绞线作为综合布线使用最为广泛的缆线，在施工前应先检查其外包装上的品牌、型号、规格是否与设计文件要求相符；检查缆线的出厂质量检验报告、合格证、出厂测试记录是否齐全；查看外包装上的电气性能参数是否符合工程要求；查看所附标志、标签内容是否齐全、清晰；查看外包装是否注明型号和规格。

4）一体式配线架：通过产品说明书核验产品品牌和性能参数；点清楚数量；通过外观检查是否出现损坏现象。

5）打线刀：通过外观检查，外观结构完整无破损痕迹，无生锈痕迹即可。

6）测线仪：通过外观检查测线仪外观是否完好、无损坏痕迹；打开电源开关，观察电源指示灯是否正常闪烁；查看测线仪的质量合格证书等证明文件。

7）网线钳：检查网线钳的品牌、型号、规格、数量是否符合设计文件要求；观察网线钳外观是否完整无破损。可以取用一个水晶头进行压接测试，通过观察压接后的水晶头金属刀片以及三角压块是否压接到位，是否存在结构被破坏现象判断网线钳质量。

8）线槽剪刀：通过外观检查，外观结构完整无破损痕迹，无生锈痕迹即可。

根据以上检查方法，完成对材料和工具的检查并填写基本永久链路端接材料及工具检查记录表（见表3-35）。

表3-35 基本永久链路端接材料及工具检查记录表

序号	材料或工具名称	检查方法	检查项目	检查结果
1				
2				
3				
4				
5				
6				
7				
8				

检查人员签字： 　　　　　　　　　　　　　检查日期：

材料和工具准备齐全，检查无误之后，按照任务实施要求完成任务。

（3）基本永久链路端接

1）首先将网线放入剥线器中，顺时针方向旋转剥线器1～2周，然后用力取下护套，剥除长度为30mm，因为刀片没有完全将护套划透，因此不会损伤线芯。

14-基本永久链路

2)用线槽剪刀剪掉撕拉线。

3)拆开4对双绞线按照网络模块外壳侧面色标的线序,将4对双绞线拆开排好,用手将8根线芯压入网络模块对应的8个塑料线柱刀片中,注意检查线序是否正确。

4)用小黄刀将8根线芯压到塑料线柱底部,压接完成后用剪刀将多余的线芯剪除。

5)双绞线另一端端接在一体式配线架上,使用剥线器在距离双绞线末端30mm处,沿外皮旋转一周,沿双绞线轴线向外取掉外绝缘层。取掉外绝缘层时不允许弯折线缆。注意,剥线前剪掉双绞线端头破损部分,剥线时不能损伤8根导线的绝缘层。

6)拆开8根线。首先将双绞线根据绞对拆成4对单绞线,然后将4对单绞线拆成8根线,将剥好的双绞线平行放入塑料线柱的中间并固定,按照配线架上的颜色标识,将8根线逐根压入一体式配线架对应的塑料线柱底部,注意线要排列整齐,不能缠绕交叉,如图3-89所示,最后用线槽剪刀剪除多余线芯,如图3-90所示。

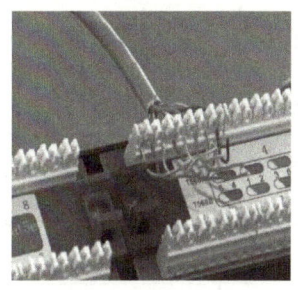
图3-89 拆开8根线

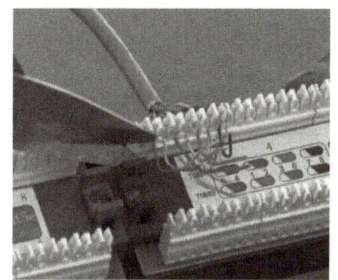
图3-90 剪除多余线芯

7)制作两根直通型网络跳线,第一根网络跳线一端连接在一体式配线架RJ-45接口中,另一端插入测线仪测试口;另一根网络跳线一端接入网络模块的RJ-45接口中,另一端插入测线仪的测试口,打开测线仪开关,观察测线仪指示灯亮灯情况。

(4)基本永久链路测试 完成链路端接后观察测线仪指示灯闪烁顺序。如果端接正确,上下两排指示灯就按照12345678顺序同时反复闪烁。如果端接不正确,指示灯闪烁就会出现异常情况,具体发生哪些错误可以通过指示灯闪烁情况来判断,并选择对应方法解决(见表3-36)。

表3-36 连通性测试中可能存在的问题及解决方案

问题表现	问题原因	解决方案
指示灯闪烁顺序混乱	链路中至少有一个端接位置线序错乱	查看每一个端接位置的线序,寻找错误的地方,找到后拆除错误端接并重新按照要求端接
有个别指示灯不亮	链路中至少有一个端接位置线芯未能实现连通	查看端接位置的线芯是否压接到接线口底部,将错误的一端重新压接,如果两端都没有压接到模块底部,则两端均需要重新压接
指示灯全部不亮	线芯端接不到位	查看网络跳线接入的RJ-45接口的序号是否和一体式配线架背面端接口的序号一致,如果序号不一致,需要寻找与背面端接口序号一致的RJ-45接口,重新接入网络跳线测试。如果指示灯依旧全部不亮,表示至少有一个端接位置端接不到位,所有线芯未能实现连通,检查所有端接口,并重新端接,直至排除所有错误
有多个指示灯同时亮起	对应线芯出现连通现象	检查每一个端接位置的线芯情况,并将错误端口拆除重做。如果还有类似情况,则重复上述操作,直至排除所有错误

（5）基本永久链路验收

1）水晶头：水晶头按照T568B线序端接（白橙、橙、白绿、蓝、白蓝、绿、白棕、棕）；线芯插接至水晶头限位槽底部；线芯裸露长度小于13mm，按照国标规定长度计算，外绝缘层必须深入水晶头内部，并在压接水晶头时被三角压块压住。

2）5e类非屏蔽网络模块：端接线序按照网络模块色标中的T568B线序端接；线芯必须压接到塑料线柱底部，压接完成后多余线芯必须剪去，线芯不可裸露在网络模块之外。

3）一体式配线架：按照一体式配线架背面色标中的T568B线序完成端接；多余线芯必须剪去，端接时线芯长度合适，端接完成后线芯端接至塑料线柱底部。

4）测试连通性：通过连通性测试。

按照表3-37所示内容逐项审查自己的任务成果，要求每一项都能做到最好，完成任务实施后按照下表要求进行评分，并邀请同学和老师给自己的任务成果进行评分。

表3-37 基本永久链路端接任务评分表

评分人员	水晶头端接（20分）	网络模块端接（20分）	网络配线架端接（20分）	连通性测试（40分）	合计
自我评分					
同学评分					
教师评分					

2. 复杂永久链路端接

本任务需要完成永久链路中相对端接次数多一些的链路连接，即复杂永久链路连接。请每位同学完成3条复杂永久链路任务，要求：端接线序排列准确；剪除多余线芯并且通过连通性测试。全班划分施工小队，每个小队4人，队内同学可以相互指导，互帮互助完成本任务，实物图如图3-91所示。

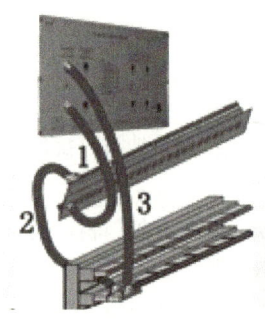  

图3-91 复杂永久链路连接

（1）材料和工具准备 每个施工小队根据任务要求计算好完成任务所需材料种类和数量，根据所学理论知识填写复杂永久链路端接材料统计表（见表3-38）及复杂永久链路端接工具清单（见表3-39），并交由老师确认后从老师处领取所需任务材料和工具。

表3-38　复杂永久链路端接材料统计表

序号	名称	规格	数量	实物图
1				
2				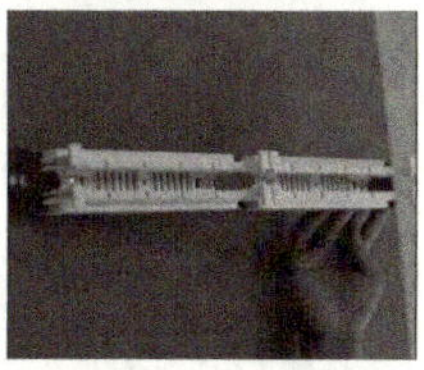
3				
4				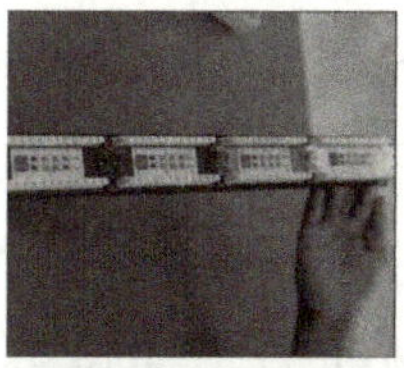
5				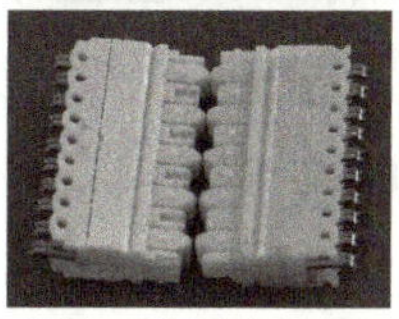

表3-39　复杂永久链路端接工具清单

序号	名称	用途	数量	实物图
1				
2				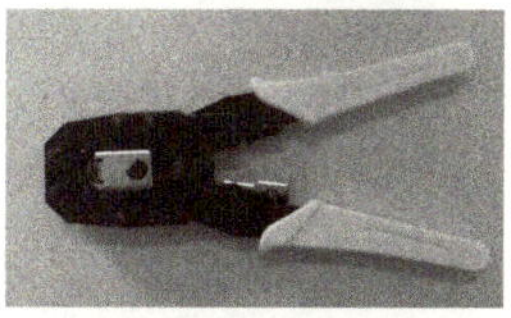
3				

（2）材料和工具入场检验　按照GB/T 50312—2016《综合布线系统工程验收规范》要求，在施工前进行器材的检查并做好记录。复杂永久链路端接所需器材和工具的检查方法如下。

1）水晶头：水晶头作为综合布线常用连接器材，在施工前应先检查水晶头外包装上的品牌、型号、规格、数量是否与设计文件要求相符，并通过外观检查查看水晶头各部件是否完整。

2）110型通信跳线架：在施工前检查产品品牌和数量，并通过外观检查，外观结构完整无破损痕迹，无生锈痕迹即可。

3）5e类非屏蔽双绞线：5e类非屏蔽双绞线作为综合布线使用最为广泛的缆线，在施工前应先检查其外包装上的品牌、型号、规格是否与设计文件要求相符；检查缆线的出厂质量检验报告、合格证、出厂测试记录是否齐全；查看外包装上的电气性能参数是否符合工程要求；查看所附标志、标签内容是否齐全、清晰；查看外包装是否注明型号和规格。

4）一体式配线架：通过产品说明书核验产品品牌和性能参数；点清楚数量；通过外观检查是否出现损坏现象。

5）5对连接块：施工前应先检查其外包装上的品牌、型号、规格是否与设计文件要求相符；通过外观检查，外观结构完整无破损痕迹，无生锈痕迹即可。

6）打线刀：通过外观检查，外观结构完整无破损痕迹，无生锈痕迹即可。

7）网线钳：检查网线钳的品牌、型号、规格、数量是否符合设计文件要求；观察网线钳外观是否完整无破损。可以取用一个水晶头进行压接测试，通过观察压接后的水晶头金属刀片以及三角压块是否压接到位，是否存在结构被破坏现象判断网线钳质量。

8）线槽剪刀：通过外观检查，外观结构完整无破损痕迹，无生锈痕迹即可。

根据以上检查方法，完成对材料和工具的检查并填写复杂永久链路端接材料及工具检查记录表（见表3-40）。

表3-40　复杂永久链路端接材料及工具检查记录表

序号	材料或工具名称	检查方法	检查项目	检查结果
1				
2				
3				
4				
5				

（续）

序号	材料或工具名称	检查方法	检查项目	检查结果
6				
7				
8				

检查人员签字：　　　　　　　　　　　　　　　　　　检查日期：

材料和工具准备齐全，检查无误之后，按照任务实施要求完成任务。

（3）复杂永久链路端接

1）准备材料和工具，打开电源开关。

2）按照直通型网络跳线的制作方法，制作第一根网络跳线，两端水晶头端接，测试合格后将一端插在测线仪的RJ-45接口中，另一端插在一体式配线架正面的RJ-45接口中。

15-复杂永久链路

3）把第二根网络跳线一端按照568B线序端接在一体式配线架背面，如图3-92所示，并剪去多余线芯，如图3-93所示，另一端端接在110型通信跳线架下层，如图3-94所示，并且压接好5对连接块，如图3-95所示，并剪去多余线芯，如图3-96所示。

4）把第三根网络跳线一端插在测线仪上部的RJ-45接口中，另一端端接在110型通信跳线架上层，如图3-97所示，端接完成并剪去多余线芯，如图3-98所示，端接时对应指示灯直观显示线序和电气连接情况。

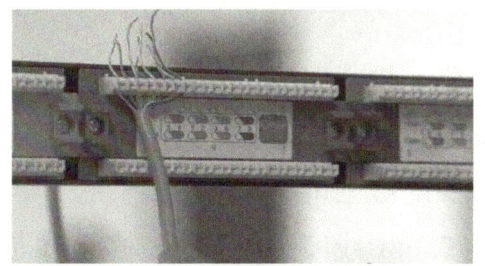

图3-92　网络跳线一端端接在一体式配线架背面

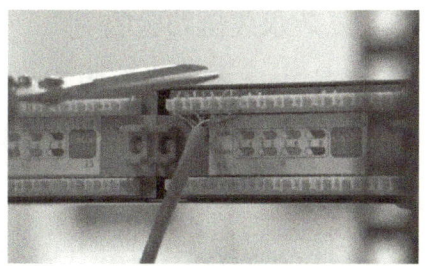

图3-93　压接并剪去多余线芯

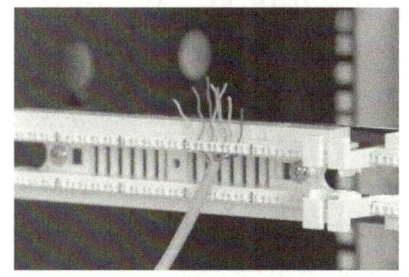

图3-94　110型通信跳线架下层端接

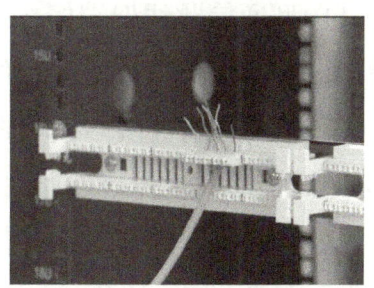

图3-95　压接5对连接块

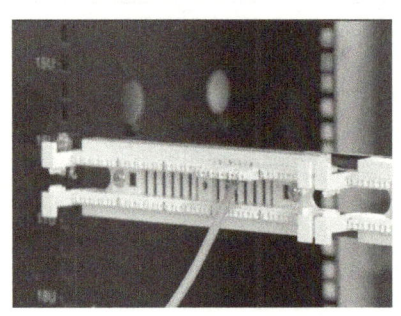

图3-96 剪除多余线芯

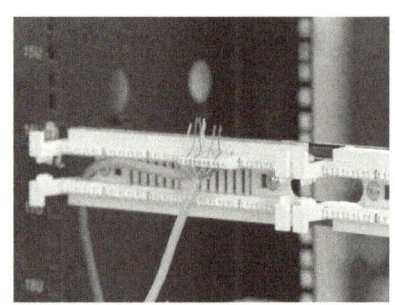

图3-97 110型通信跳线架上层端接

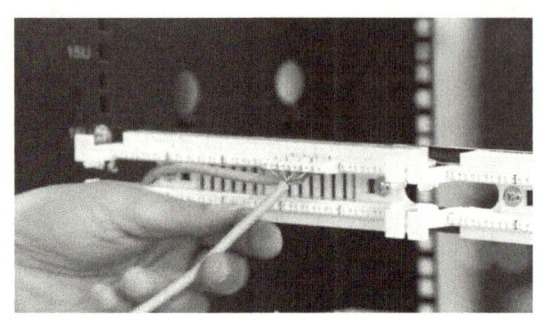

图3-98 端接完成剪去多余线芯

5）完成上述步骤就形成了有6次端接的一个永久链路。压接好模块后，这时对应的8组16个指示灯依次闪烁，显示线序和电气连接情况。

（4）复杂永久链路测试　完成链路端接后观察测试仪指示灯闪烁顺序。如果端接正确，上下两排指示灯就按照12345678顺序同时反复闪烁。如果端接不正确，指示灯闪烁就会出现异常情况，具体发生哪些错误可以通过指示灯闪烁情况来判断，并选择对应方法解决（见表3-36）。

（5）复杂永久链路验收

1）水晶头：水晶头按照T568B线序端接（白橙、橙、白绿、蓝、白蓝、绿、白棕、棕）；线芯插接至水晶头限位槽底部；线芯裸露长度小于13mm，按照国标规定长度计算，外绝缘层必须深入水晶头内部，并在压接水晶头时被三角压块压住。

2）一体式配线架：按照配线架背面色标中的T568B线序完成端接；多余线芯必须剪去，端接时线芯长度合适，端接完成后线芯端接至塑料线柱底部。

3）110型通信跳线架端接：跳线架上下两层端接线序均按照白蓝、蓝、白橙、橙、白绿、绿、白棕、棕的线序端接；线芯必须压接到塑料线柱底部，压接完成后多余线芯必须剪去，线芯不可裸露在网络模块之外。

4）测试连通性：通过连通性测试。

按照表3-41所示内容逐项审查自己的任务成果，要求每一项都能做到最好，完成任务实施后按照下表要求进行评分，并邀请同学和老师给自己的任务成果进行评分。

表3-41 复杂永久链路端接任务评分表

评分人员	水晶头端接（20分）	一体式配线架端接（20分）	110型通信跳线架端接（20分）	连通性测试（40分）	合计
自我评分					
同学评分					
教师评分					

学习任务8　管理间子系统安装

知识目标

- 了解任务所需材料。
- 了解任务所需工具。
- 明确管理间子系统安装要点。
- 了解管理间子系统安装过程。

能力目标

- 能正确选取任务所需材料。
- 能正确选取任务所需工具。
- 掌握管理间子系统安装技术。
- 会使用测线仪测试连通性。

素质目标

- 培养学生的职业技能。
- 培养学生精益求精的工作态度。
- 培养学生团结合作的工作能力。

知识准备

1. 管理间子系统的应用

管理间子系统应用于楼层管理间，是专门安装楼层机柜、配线架、交换机的地方，管理间子系统对整个楼层的网络进行管理。管理间子系统一般设置在每个楼层的中间位置，主要安装建筑物楼层配线设备，当楼层信息点很多时，可以设置多个管理间。

2. 管理间布线子系统

管理间子系统设备设置在每层配线设备的房间内，管理间子系统由交接间的配线设备、输入/输出设备等组成，管理间子系统也可应用于设备间子系统。管理间子系统应采用单点管理双交接口，交接场的结构取决于工作区、综合布线系统规模和选用的硬件，在管理规模大而复杂、有二级交接间时，才设置双点管理双交接。在管理点，应根据应用环境用标记插入条来标出各个端接场。交接间的配线设备宜采用色标区别不同种类和用途的配线区。在交接场之间应留出空间，以便容纳未来扩充的交接硬件。在该工作区中按几层为单元在弱电井内放置配线架和语音采用IBDN的BIX安装架进行汇总，将每户用不同的标记进行分开，数据为模块式配线架，通过交换机连成一个局域网到设备间，水平线缆与垂直线缆用标准的跳线连接进行管理，全部集中在一个箱子里，只放置一个交接间，不使用二级交接。

3. 管理间子系统安装所需材料、设备和工具

管理间子系统安装材料和设备：交换机（见图3-99）、理线架（见图3-100）、一体式配线架、机柜卡式螺母（见图3-101）、M6螺钉、水晶头、5e类非屏蔽双绞线、110型通信跳线架、25对大对数线缆、5对连接块。

图3-99　交换机

管理间子系统安装所需工具：十字螺钉批、网线钳、小黄刀、打线刀、线槽剪刀。

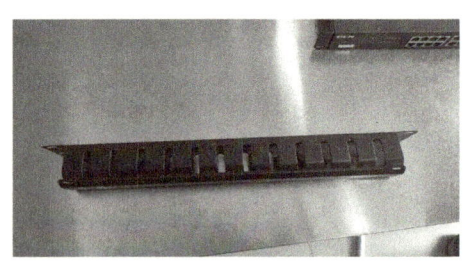

图3-100　理线架

图3-101　机柜卡式螺母

材料和工具功能如下。

1）交换机：是一个扩大网络的器材，能为子网络提供更多的连接端口，以便连接更多的计算机。随着通信业的发展以及国民经济信息化的推进，网络交换机市场呈稳步上升态势。它具有性价比高、高度灵活、相对简单、易于实现等特点。所以以太网技术已成为当今最重要的一种局域网组网技术，网络交换机也就成为最普及的交换机。网络交换机也是综合布线系统不可或缺的网络设备之一。

2）理线架：理线架是用来整理电子线的工具。理线架可安装于机架的前端，提供配线或设备用跳线的水平方向线缆管理。理线架简化了交叉连接系统的规划与安装，简言之，就是用于厘清网线的，跟网络没有直接的关系，只为以后便于管理。

3）一体式配线架：一体式配线架是设备间和管理间中最重要的组件，是实现垂直干线和水平布线两个子系统交叉连接的枢纽。一体式配线架通常安装在机柜内。在综合布线系统中，从信息点过来的双绞线全部端接在配线架上。非屏蔽网络配线架一般是一体式配线架，即网络模块与支架集成在一起成为一个整体。正面为RJ-45接口，用于插接跳线，国标要求插拔次数500次以上。插口下方印有插口编号，一般从左向右编号为1～24。背面为网络双绞线的端接口，其组成结构和端接方式均与网络模块相同。

4）机柜卡式螺母：使用时按照需要将螺母卡入对应的位置，然后使用配套螺钉就可以完成网络设备的固定。

5）M6螺钉：用于固定信息插座底盒，因本书模拟任务采用金属模拟墙，因此采用与模拟墙上螺钉孔配套的M6螺钉。

6）十字螺钉批：主要用于十字槽头螺钉的拆装。使用时，应注意选与螺钉槽相同、大小规格相应的螺钉旋具。按照旋杆与旋柄的装配方式分为普通式和穿心式两种，穿心式能承受较大的扭矩，可在尾部敲击。

7）水晶头：水晶头是一种能沿固定方向插入并自动防止脱落的塑料接头，专业术语为RJ-45连接器（RJ-45是一种网络接口规范，类似的还有RJ-11接口，就是平常所用的电话接口，用来连接电话线）。水晶头适用于设备间或水平子系统的现场端接，外壳材料采用高密度聚乙烯。每条双绞线两头通过安装水晶头与网卡、网络连接器件或者网络设备相连。

8）5e类非屏蔽双绞线：常用的非屏蔽双绞线电缆种类为U/UTP，非屏蔽外护套结构，非屏蔽的两芯对绞线对电缆，简称非屏蔽电缆。非屏蔽双绞线电缆的色谱由1个主色（白色）和4个副色（蓝、橙、绿、棕）组成，具体色谱为白橙、橙、白蓝、蓝、白绿、绿、白棕、棕。

9）网线钳：网线钳主要用于压接RJ-45水晶头，同时具备剥线和剪线功能。网线钳的8个卡齿自动对接水晶头的8个刀片，刀口平整，一次整齐压接到位，位置正确。有些多功能网线钳还有压接RJ-11水晶头等功能，同时在刀片外面安装有安全挡板，防止刀片割伤手指。

10）小黄刀：是综合布线中常用的小工具，可用来剥除双绞线外绝缘层以及压接模块（将线芯压入模块的塑料线柱中）。

11）打线刀：打线刀主要用于配线架、网络模块等端接打线。打线刀内置钢带和弹簧，具有高冲压式压线功能。打线时应注意打线工作端部是否良好，刀刃是否锋利。打线时应对准模块塑料线柱，垂直快速打下，并且用力适当。

12）线槽剪刀：布线常用工具之一，主要用于剪切PVC线槽。使用时手指应远离刀口，快要切断时应用力适当。这里用于剪除非屏蔽双绞线的撕拉线。

13）110型通信跳线架：110型通信跳线架在综合布线系统中主要用于语音配线系统，俗称鱼骨架，端接时使用专用打线刀可将线对依次冲压端接到跳线架上，完成大对数电缆的端接。110型通信跳线架有时也应用于网络系统，在信息点较多的综合布线系统中，可以利用大对数电缆结合110型通信跳线架完成对语音、数据信息点的转接，减少大量缆线的应用，节约成本。

14）大对数电缆：大对数电缆是由25对具有绝缘保护层的铜导线组成的。它有3类25对大对数双绞线、5类25对大对数双绞线，传输速度为100MHz。导线色彩由蓝、橙、绿、棕、灰和白、红、黑、黄、紫编码组成。

15）5对连接块：由于大对数电缆都是5的倍数，如25对电缆，如果仅使用4对连接块，用6个就会多出一对线，用5个则多出5对线。而5对连接块的出现，很好地解决了这一问题（5对连接块×5=25对）。因此，对于大对数电缆来说，使用5对连接块可方便凑数。通信跳线架一般使用5对连接块，5对连接块中间有5个双头刀片，每个刀片两头分别压接一根线芯，实现两根线芯的电气连接。

任务实施

管理间子系统是综合布线系统工程施工中不可或缺的重要组成部分，是专门安装楼层机柜、配线架、交换机的地方，管理间子系统对整个楼层的网络进行管理，每一位综合布线技术人员必须熟练掌握管理间子系统安装技术。全班划分施工小队，每个小队4人，请每一个施工小队团结协作共同完成一个管理间子系统安装任务，要求：壁挂式机柜安装牢固；机柜内所有设备安装牢固且位置符合要求；所有线缆端接线序排列准确，剪除多余线芯并且通过连通性测试。施工小队队内同学可以相互协作，共同完成本任务，实物图如图3-102所示。

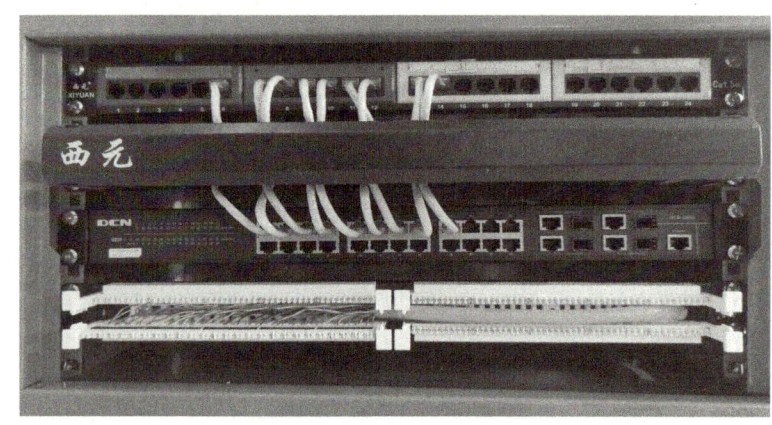

图3-102 管理间子系统

1. 材料和工具准备

每个施工小队根据任务要求计算好完成任务所需材料种类和数量，根据所学理论知识填写管理间子系统安装设备及材料统计表（见表3-42）和管理间子系统安装工具清单（见表3-43）两张表格，并交由老师确认后从老师处领取所需任务材料、设备和工具：

表3-42 管理间子系统安装设备及材料统计表

序号	名称	规格	数量	实物图
1				
2				

（续）

序号	名称	规格	数量	实物图
3				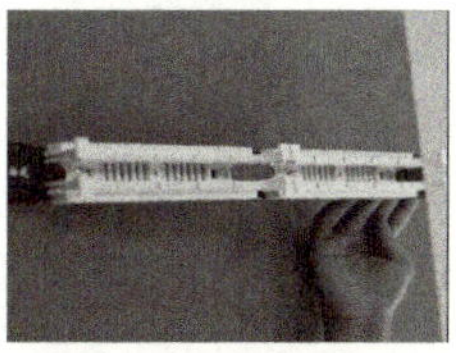
4				
5				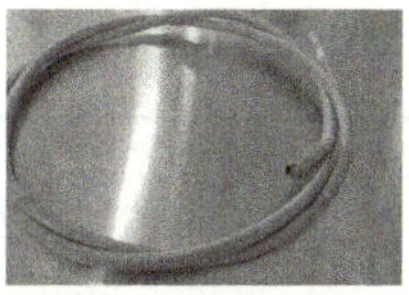
6				
7				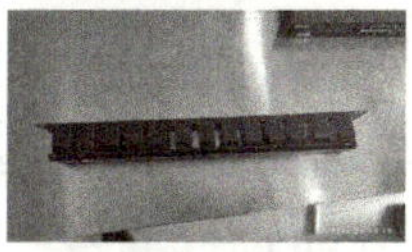
8				
9				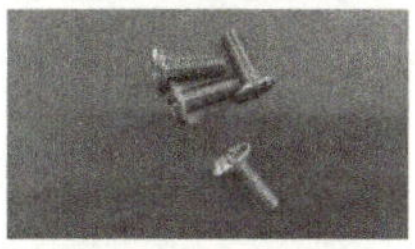
10				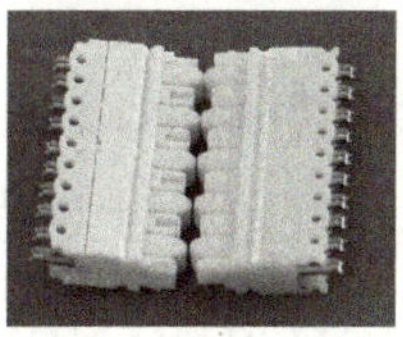

表3-43　管理间子系统安装工具清单

序号	名称	用途	数量	实物图
1				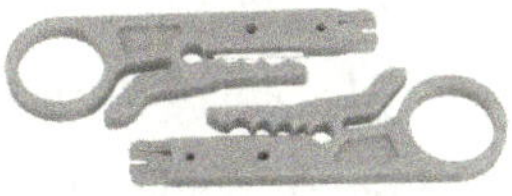
2				

（续）

序号	名称	用途	数量	实物图
3				
4				
5				

2. 材料和工具入场检验

按照GB/T 50312—2016《综合布线系统工程验收规范》要求，在施工前进行器材的检查并做好记录。管理间子系统安装所需器材和工具的检查方法如下。

1）网络交换机：通过产品说明书核验产品品牌和性能参数，点清楚数量。

2）理线架：通过外观检查，外观结构完整无破损痕迹，无生锈痕迹即可。

3）一体式配线架：通过产品说明书核验产品品牌和性能参数，点清楚数量，通过外观检查是否出现损坏现象。

4）机柜卡式螺母：通过外观检查，外观结构完整无破损痕迹，无生锈痕迹即可。

5）M6螺钉：通过外观检查，外观结构完整无破损痕迹，无生锈痕迹即可。

6）十字螺钉批：通过外观检查，外观结构完整无破损痕迹，无生锈痕迹即可。

7）水晶头：水晶头作为综合布线常用连接器材，在施工前应先检查水晶头外包装上的品牌、型号、规格、数量是否与设计文件要求相符，并通过外观检查查看水晶头各部件是否完整。

8）5e类非屏蔽双绞线：5e类非屏蔽双绞线作为综合布线使用最为广泛的缆线，在施工前应先检查其外包装上的品牌、型号、规格是否与设计文件要求相符；检查缆线的出厂质量检验报告、合格证、出厂测试记录是否齐全；查看外包装上的电气性能参数是否符合工程要求；查看所附标志、标签内容是否齐全、清晰；查看外包装是否注明型号和规格。

9）网线钳：通过外观检查，外观结构完整无破损痕迹，无生锈痕迹即可。

10）小黄刀：通过外观检查，外观结构完整无破损痕迹，两个刀片无生锈痕迹即可。

11）打线刀：通过外观检查，外观结构完整无破损痕迹，无生锈痕迹即可。

12）线槽剪刀：通过外观检查，外观结构完整无破损痕迹，无生锈痕迹即可。

13）110型通信跳线架：在施工前检查产品品牌和数量，并通过外观检查，外观结构完整无破损痕迹。

14）大对数电缆：在施工前应先检查其外包装上的品牌、型号、规格是否与设计文件要求相符；检查缆线的出厂质量检验报告、合格证、出厂测试记录是否齐全；查看外包装上的电气性能参数是否符合工程要求；查看所附标志、标签内容是否齐全、清晰；查看外包装是否注明型号和规格。

15）5对连接块：施工前应先检查其外包装上的品牌、型号、规格是否与设计文件要求相符；通过外观检查，外观结构完整无破损痕迹，无生锈痕迹即可。

根据以上检查方法，完成对材料和工具的检查并填写管理间子系统安装材料及工具检查记录表（见表3-44）。

表3-44 管理间子系统安装材料及工具检查记录表

序号	材料或工具名称	检查方法	检查项目	检查结果
1				
2				
3				
4				
5				
6				
7				
8				
9				

（续）

序号	材料或工具名称	检查方法	检查项目	检查结果
10				
11				
12				
13				
14				
15				

检查人员签字：　　　　　　　　　　　　　　　　　检查日期：

材料和工具准备齐全，检查无误之后，按照任务实施要求完成任务。

3. 管理间子系统模拟安装

1）安装机柜卡式螺母。卡式螺母是由卡槽和里面的一个方形螺母构成的组合螺母，安装时只需将螺母卡槽的一端从螺母卡接位置后方放入，用力向内挤压并向前推送即可安装完成。

2）端接一体式配线架。因为双绞线已经从线管或线槽穿入机柜中，所以必须在机柜近处完成一体式配线架端接，按照T568B线序端接，如图3-103所示。

3）安装一体式配线架。将一体式配线架放置在安装位置，注意一体式配线架两边有4个螺孔用于安装并固定架体，将4个螺孔对准之前安装好的机柜卡式螺母，并在螺孔中放入M6螺钉，用十字螺钉批将螺钉拧紧，如图3-104所示。

图3-103　端接一体式配线架

图3-104　安装一体式配线架

4）用同样的方式安装理线架，安装好后如图3-105所示。

5）用同样的方法安装交换机，安装好后如图3-106所示。

图3-105　安装理线架

图3-106　安装交换机

6）完成9条直通型网络跳线端接，并将网络跳线的一端安装在一体式配线架已经端接有双绞线的RJ-45接口中，另一端穿过理线架安装在网络交换机RJ-45接口中，如图3-107所示。网路跳线中较长的部分可以在理线架内进行绑扎并理顺，盖上理线架盖板。

7）完成110型通信跳线架端接（大对数线），并将已经端接好大对数线的110型通信跳线架安装在机柜下层，至此管理间子系统安装完成，如图3-108所示。

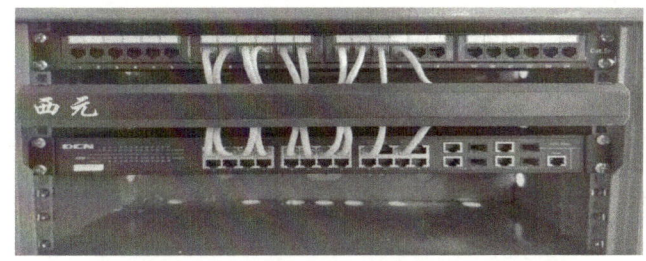

图3-107　制作并安装网络跳线

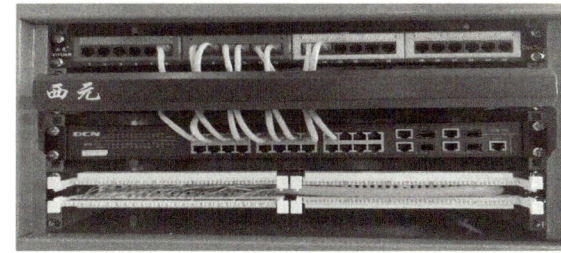

图3-108　端接大对数线并安装跳线架

4．管理间子系统安装验收

管理间子系统安装应随工检验，也就是在工程施工的过程中，完成管理间子系统后立刻进行检验，在工程完成后进行工程项目验收需要再次对其进行检验验收，按照国标规定内容和施工经验，应该对已经安装好的管理间子系统进行如下检验，具体检验项目见表3-45。

表3-45　管理间子系统检验项目

检查项目		检验内容
配线架	线序	是否按照配线架背部T568B线序端接
	线芯	是否压接到模块接口底部
		线芯长度是否合适
		是否剪除多余线芯
	安装	配线架安装是否水平，安装是否牢固
理线架	理线	是否用理线架理线，裸露在理线架外的跳线是否齐整
	安装	配线架安装是否水平，安装是否牢固

（续）

检查项目		检验内容
交换机	连接	是否用网络跳线与配线架端口连接
	安装	配线架安装是否水平，安装是否牢固
壁挂式机柜		机柜是否保持水平无落差
		外表是否无划痕，标志是否清晰，零件是否无脱落损坏
		机柜安装是否牢固
网络跳线	线序	两端线序是否均是T568B线序：白橙、橙、白绿、蓝、白蓝、绿、白棕、棕
	线芯	是否插接到水晶头底部
		线芯裸露长度是否小于13mm
测线仪测试		模块端接、网络跳线端接是否均能通过连通性测试

按照表3-46所示内容审查自己的任务成果，要求每一项都能做到最好，完成任务实施后按照下表要求进行评分，并邀请同学和老师给自己的任务成果进行评分。

表3-46 管理间子系统安装任务评分表

评分人员	一体式配线架端接（15分）	理线架安装（15分）	交换机安装（15分）	110型通信跳线端接（15分）	连通性测试（40分）	合计
自我评分						
同学评分						
教师评分						

习 题

一、填空题

1. _____广泛用于小型综合布线系统工程、楼道明装、办公室内明装，主要应用于_____和分管理间，是整个楼层的布线系统汇集之地，也是管理整个楼层网络信息的地方。

2. 机柜是用来组合安装_____、_____、_____、_____、器件和_____与部件，使其构成一个整体的安装箱。

3. 服务器机柜是_____寸标准机柜。

4. 标准机柜的规格一般为19英寸（1英寸=25.4mm），内部立柱安装尺寸宽度为_____。

5. _____广泛应用于小区智能化建设，空间较小的配线间、楼道以及安装设备较少的通信网络等环境中。壁挂式机柜以其_____、_____、易于管理和防盗的特点被广泛选用。

6. _____是综合布线系统工程中常用的器材，与线槽、桥架共同作为布线系统常用布线路径架设材料，常用于各级布线系统路径安装，网络缆线常在已安装好的线管中敷设。

7. 线管按照使用材料可以分为_____和_____，其中塑料管中常见的材质有_____和_____。

8. 工程施工中常用的金属管有_____规格。

9. 综合布线系统工程中常用的线管型号有_____系列、_____系列、_____系列、_____系列、_____系列。

10. PVC线管主要用于_____，一般暗埋在楼板与过梁和立柱内，也用于楼层吊顶上的隐蔽布线，常用规格为_____或者_____等。

11. 在工程设计和施工安装中，φ20管内最多安装_____网线，距离短、拐弯少时，也允许安装_____网线。

12. 线槽是综合布线系统工程中常用的穿线路径，又名_____、_____、行线槽，是用来将缆线进行规范梳理，固定在_____或者_____的布线材料。

13. 线槽一般根据槽体材质可以分为_____和_____两种。

14. 线槽常用配套的附件有_____、_____、_____、_____、_____等。

15. PVC线槽通常由聚氯乙烯材料制成，具有_____、_____、_____、_____、_____等特点，既可以作为单独的元件使用，也可以与其他电线、电缆配套使用。

16. PVC线槽的品种规格很多，从型号上分类有_____系列、_____系列、_____系列、_____系列、_____系列、_____系列等，从规格上分类有_____、_____、_____、_____、_____等。

17. _____是一种专门用于室内电线布线的设施，具有美观、高效的特点。它的截面为弧形，可以与墙面完美贴合，让电线布线更为美观整洁，不会凸凹不平。

18. 网络模块是布线系统中主要的线缆_____，主要应用于_____中，为终端设备提供布线系统的接入端口。

19. 非屏蔽网络模块的常用规格包括_____、_____、_____、_____等，其机械结构和电气原理基本相同。

20. 非屏蔽5e类网络模块由_____、_____、_____、_____组成。

21. 网络模块端接时，每对线拆开的长度_____越好，不能为了端接方便而将线对拆开很长，特别是在6类、7类系统端接时，这将直接影响永久链路的测试结果和_____。

22. _____常用于水平配线的楼层管理间，是用来对网络进行集成和管理的设备，防止长时间插拔，导致接口的松动和损坏，保证布线系统长期稳定运行。

23. 目前市面上常见的网络配线架主要有_____、_____等。其中，以一体式配线架居多。

24. 一体式配线架结构可以分为_____、_____、_____、_____、

_____等几个部分。

25. 110型通信跳线架在综合布线系统中主要用于_____，俗称_____，端接时使用专用打线刀可将线对依次冲压端接到跳线架上，完成大对数电缆的端接。

26. 110型通信跳线架有时也应用于网络系统，在信息点较多的综合布线系统中，可以利用大对数电缆结合110型通信跳线架完成对_____、_____信息点的转接，减少大量缆线的应用，节约成本。

27. 110型通信跳线架由_____、_____两个部分组成，而且连接块作为110型通信跳线架的专属配件。

28. 端接25对大对数线时，需要将线对分为_____5组，每组排序按照副色线序_____排序。

29. 水平子系统的原理实际上就是_____。

30. 永久链路又称_____，由水平电缆两端的接插件和链路可选的转接连接器组成。

31. 在永久链路端接过程中需要结合实际情况进行线序选择，所有端接口都需要按照一个统一线序标准进行端接，比如选择T568B线序端接，则水晶头按照T568B的_____线序端接，一体式配线架则按照配线架背面标注的T568B线序端接，110型通信跳线架上层和下层的线序也必须保持一致。

32. 管理间子系统应用于楼层管理间，是专门安装_____、_____、_____的地方，管理间子系统对整个楼层的网络进行管理。

二、名词解释

1. 钢制线槽：_____
_____。

2. 铝制线槽：_____
_____。

3. 不锈钢线槽：_____
_____。

4. 镀锌线槽：_____
_____。

参 考 文 献

[1] 王公儒. 网络综合布线系统工程技术实训教程[M]. 4版. 北京：机械工业出版社，2024.
[2] 李畅. 综合布线[M]. 北京：高等教育出版社，2018.
[3] 郝文化. 网络综合布线设计与案例[M]. 北京：电子工业出版社，2008.
[4] 朱东方，陈静君. 信息网络布线技能训练实战[M]. 北京：机械工业出版社，2018.